U0102141

尽管去做，
别辜负成功的另一种可能

刘宝江◎编著

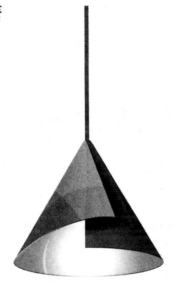

台海出版社

图书在版编目（CIP）数据

尽管去做，别辜负成功的另一种可能 / 刘宝江编著.
—北京：台海出版社，2015.12
ISBN 978-7-5168-0800-9

Ⅰ.①尽… Ⅱ.①刘… Ⅲ.①成功心理—通俗读物
Ⅳ.①B848.4-49

中国版本图书馆 CIP 数据核字（2016）第 001790 号

尽管去做，别辜负成功的另一种可能

编　　著：刘宝江

责任编辑：刘　峰　　　　　　　　封面设计：尚世视觉
责任印制：蔡　旭

出版发行：台海出版社
地　　址：北京市朝阳区劲松南路 1 号，邮政编码：100021
电　　话：010 - 64041652（发行，邮购）
传　　真：010 - 84045799（总编室）
网　　址：www.taimeng.org.cn/thcbs/default.htm
E-mail：thcbs@126.com

经　　销：全国各地新华书店
印　　刷：北京中印联印务有限公司
本书如有破损、缺页、装订错误，请与本社联系调换

开　　本：710×1000　1/16
字　　数：178 千字　　　　　　　　印　　张：15
版　　次：2016 年 3 月第 1 版　　　印　　次：2016 年 3 月第 1 次印刷
书　　号：ISBN 978-7-5168-0800-9

定　　价：35.00 元

前　言

在追求梦想的道路上，我们每天都在努力奋斗着，但有时不免会想：梦想到底什么时候能实现呢？到底能不能实现呢？这，是我们追梦过程中不可避免出现的迷惘。我们必须要有足够的信心。

事实上，在追求梦想的道路上，人头攒动，但每个人都有发挥才干的舞台；处处有着迷人的美景，也处处有诡异的陷阱；希望无处不在，迷茫也无处不在；有一些人的希望之春，是另一些人的失望之冬……有些人在撤离，有些人在坚守，有些人在赶来。撤离的人，我们祝福他们。坚定和赶来的人，我们也要祝福他们。当然，我们更要祝福我们自己，给我们自己鼓励。

如果你自己都不给自己鼓励，那么你的失败就是自找的。因为，我们有自己的梦想，追求自己的梦想，不能因为眼前的困难或者一时尚未成功就接受现实，认为努力是白费力气，成功遥不可及。而事实上，不成功并不等于失败，有梦想就代表你所有努力都值得，梦想尚未实现就代表你还有责任和义务继续努力去。

每一个成功的人士都有一段默默奋斗的时光，任何唾手可得的成功都谈不上巨大的价值。同样，我们的梦想也一样，也需要一段时光来为之默默奋斗，也需要持续的努力和奋斗来增添其价值。我们不能因为困难或者迷惘而放弃为梦想而做的努力。

马云曾经说过："我也迷惘过，我也彷徨过。很多人在网络上看过我去应征的故事，我确实应征过30多个工作，没有1个被录取的，其中有一份工作是肯德基，我们25个人去应征，24个人被录取了，只有我没被录取……我跟我同事讲，如果我们这些人现在去阿里巴巴应征，基本上会被拒绝，因为我们的文凭都不够。但是教育，只有经过生活的磨炼、生活的挫折，才能变成自己真正的知识。如果我没有30多次的挫折、这么多年的彷徨，就不可能有今天。年轻人彷徨很正常，但思考自己应该做什么，反而更重要。"不难看出，我们看到马云今天的巨大成就、不菲的身价，与他为实现梦想而持续努力奋斗是分不开的。

梦想需要汗水来浇灌，成功就在不远处，我们的努力是为了成就有价值的自己，我们的努力是对自己人生追求呼唤的回应。苦难和挫折是对我们追求成功在意志上的考验而已，是我们成功道路上解闷的工具而已。我们要经受得住考验，也应该坦然对待，而不能受其干扰。因为我们的目标是实现理想，获得成功，我们的行动是达到这一目的的直接有效手段。

成功的道路注定不是直线的。成功的道路上所有的困难和挫折，也是连着成功的，也隐藏着成功的另一种可能。我们不能因为看不到通向成功的直线道路，就否决有通向成功的路存在，要坚持自己的信念，坚持自己的行动，一直走下去，直至实现梦想，获得最终成功。

因此，我们确立了梦想后，有了明确目的后，就要放手去做，不要放弃任何一丝一毫的成功机会，不要辜负成功的任何一种可能，尤其是不要辜负成功的另一种可能。

目　录

第五章　懂得放弃，你才会有精力去选择

第六章　过往不恋，你追求的是明媚的明天

第九章　受伤了，梦想依然在等你

第一章
破除内心封印，敲开希望之门

尽 管 去 做 ，别 辜 负 成 功 的 另 一 种 可 能

生活在前进。它之所以前进，是因为有希望在；没有了希望，绝望就会把生命毁掉。我们要想过上满意的生活，需要破除内心封印，敲开希望之门，为自己的梦想轰轰烈烈地活着。

1. 你的自信，铺就你走向成功的路

树立自信心，唤醒心中的正能量，把尘封的煤炭燃成熊熊的烈火，是最为务实的。

印度大诗人泰戈尔是享誉世界文坛的史诗级人物，他的诗含有深刻的哲学见解，比如："自信是煤，成功就是熊熊燃烧的烈火。"这是诗性化的表达，是倒装句，按照普通的叙述方式，应该是——如果成功是熊熊燃烧的烈火，那么自信就是煤。煤炭不等于烈火，自信不是成功，但煤炭里面住着烈火的种子，这颗种子必须用自信去催发。

每个人都同时拥有着成功的禀赋以及相应的自信心，完全不具备成功前提和自信心的人几乎不存在。只是有的人成功基础深厚些，有的人薄弱些；有的人自信心较强，有些人自信心较弱而已。成功基础较深的人，再有较强的自信心，成功相应地就会更青睐他一些。反之，成功基础薄弱，自信心又不足，再浇上一盆犹豫的冰水，成功也就无从谈起了。

成功，首先是心态上的成功。心态上的成功，不仅限于自信，不过自信是至关重要的一点。没自信，不等于绝对不能成功，世上总有幸运的人。不过，你我好像都不是。树立自信心，唤醒心中的正能量，把尘封的煤炭燃成熊熊的烈火，是最为务实的。

我们举几个有说服力的小例子：

拉里·埃里森32岁时还一无所有，没学历——他曾经上过3所大学但都没拿到文凭；没工作——曾经就职十几家公司但没有一个老板认可他；没存款——由于老板们不认可他，他只好频繁地换工作，工资当然也高不到哪儿去；这并不是最重要的，问题的关键在于他和老婆每月的收入合计不过1600美元，他却花钱大手大脚，仅仅是为了使自己开心点，他就借钱买了一条小帆船，不久又分期付款购买了另一条小帆船。结果，他们离婚了——连老婆也没了。离婚前，埃里森劝她："亲爱的，我会成为百万富翁的，如果你和我在一起，你可以得到你想要的任何东西。"他老婆一点也不信，毅然离去。他则用仅有的1200美元创立了一家公司，以便用事实证明，他的自信并非虚无缥缈。今天的埃里森，已是硅谷首富，坐拥270亿美元。他的公司则是世界上最大的数据库软件公司——甲骨文。

许连捷自幼家贫，因住宅拥挤，兄弟三人甚至不得不睡在祠堂里。很小的时候，他就懂得在各村中倒卖鸡蛋赚钱。经过多年努力，他于1979年开办了一家小服装厂，这在当时已经是成功的楷模了。但这时候，一个叫杨荣春的人找上门来，劝他改做卫生巾。许连捷认为这是个赚大钱的机会，不过家人与朋友都像当初反对他开服装厂一样，反对他生产卫生巾，而且反对力度比当初还大。第一，当初他穷，穷，勇敢尝试一下还情有可原，富了，还蛮干，没法理解。第二，你有点钱了就烧包，干什么不行，做卫生巾，这不是流氓吗？第三，先不说要不要脸了，满街打听打听，有几个娘们儿买得起卫生巾这种奢侈品？但许连捷早已习惯了这种腔调，他内心里根本就懒得理这些言论，只是家人朋友好意劝说，他不得不洗耳恭听。许连捷坚信，有党的改革开放的好政策，不要很长时间，中国人会逐步富起来，只要富有了，人们的消费观念就会发生变化，广大妇女绝不会放着好产品不用！不久，一个令后来许多中国女同胞熟悉的品牌——恒安——诞生了。不到两年，恒安火爆全国，订单如雪片般飞来。

25岁那年，孙正义创立了自己的公司。此前，他因肝病住院整整两年。公司开业那天，只有两名员工，孙正义站在一个水果箱上面，跟他们介绍说："我叫孙正义，25年之后，我将成为世界首富，我的公司营业额将超过100兆日元！"两个员工听得目瞪口呆，听完之后立即辞职不干了，他们都以为老板又病了——这次是疯病。后来，在网络经济升温时，孙正义果真实现了自己在水果箱上的誓言，他的财富一度超过比尔·盖茨。不过，成功后的孙正义也曾坦言："最初所拥有的只是梦想和毫无根据的自信而已。"

类似例子，我们还可以举出两卡车，但它们反映的都是一个问题：自信无比重要。什么叫自信？自信就是自己相信自己，哪怕所有人都不相信，自己照样相信自己，而且是深信不疑，也就是所谓的"坚信"。坚信自己的人，是不会纠结的。纠结只会出现在那些不太相信自己同时又有那么点小自信的人身上。他们搞不懂是自己对还是别人对，是自己太弱小还是世界太残酷，是成功太难还是自己根本就没机会，凡此种种，不能超脱。其实，成功很难，也不很难。但不管成功是不是很难，只有你坚持下去，你才有可能接近真实的答案。如果你在接近真实答案之前纠结并最终退出了，你是没有资格也不可能获知那个真实的答案的。当然，这也未必不是好事，如果让中途退出的人获知自己原本很有可能成功，他们还不得后悔死？

成功是个经久不衰的话题，"成大事"三字则是我们从小就被灌输的理念，很少有中国家长发自内心地希望孩子做个平凡的人。我们必须认同，这种理念未必都积极，其中不乏消极因子。说白了，这种理念有点庸俗，难免使人掉进功利的深渊。但在相同的情况下，成功也好，成大事也罢，也没什么不好。教人成功，总比教人失败好。启发人成大事，总比诱导人醉生梦死强。很多人为了成大事，的确六亲不认，唯利是图，但也有不少成大事者在成功后无私地回报社会，同时带动一批潜在的成功者。成功学，固然有可能使人利欲熏心，但利欲熏心者不都是成功学教坏的。事实上，好多人特别是利欲熏心的人，根本不读书。当然，作为一个作者，至少我有责任在为您讲述成功学的同时，尽可能地消除它所有的潜在的负面影响。

"欲成功，先自信"——我其实不太愿意喊这类口号。但事实确实如此，人不能没有自信，失去自信的人，基本上已经丧失了成功的资格。相信自己，相信自己会成功，等于拉开了成功的序幕，剩下的就是如何努力、如何动脑用心的问题了。我并不能保证每个看完这本书的读者都能成功，但人必须有点儿自信，并且坚定地走在自信的路上。只要信心不倒，从某种程度上说，这样的人迟早会成功，只是时间早晚的问题。

2. 你面朝阳光，阴影自然就被抛到背后了

这个世界总会有阴暗面，一缕阳光从天上照下来的时候，总有照不到的地方。如果你的眼睛只盯在黑暗处，抱怨世界黑暗，那是你自己的选择。你内心是一团火，才能释放出光和热；你内心如果是一块冰，就是化了也还是零度。

北宋的邵康节是我国历史上著名的哲学家，德行与才干据说堪比三国时期的诸葛亮。只是因为不爱做官，长期隐居，他的名字才不像诸葛亮那样家喻户晓。史书记载，邵康节长期隐居洛阳，忙时务农，闲时著书，一年的收入仅够吃穿，可他不以为意，而且多次谢绝做官。当时的高官兼名流，如富弼、司马光、吕公著等都很敬重他，集资为他买了一所园宅，题名"安乐窝"。邵康节也不推却，自号"安乐先生"。每逢邵康节入城，城里的士大夫们都会争相迎接，连小孩子都高兴地说："安乐先生到了。"

用今天的眼光看，邵康节算不上成功者，但实际上他是不去强行成功、成大事的，而且他是真正意义上的心怀大事——国事、天下事的高士。宋神宗执政时期，任命王安石为相，推行新法，造成了某些州县的骚乱。邵康节的几个弟子和老友写信给他，说我们准备弹劾王安石，然后辞官回家，眼不见心不烦。邵康节回信说："正所谓家贫显孝子，国破见忠臣。当前正是需要有志之士报效国家的时候，新法固然严苛，但

尽管去做，别辜负成功的另一种可能

诸君在执行中能够放宽一分，老百姓就能多得到一分的好处。而你们弹劾王安石，辞官回家，除了发泄一通私己的愤怒，对维护老百姓的利益又有什么好处呢？"

信哉斯言。这也正是时人与后人景仰邵康节的原因所在。我希望今天以及将来所有的成功人士，都能心怀国家、民族、天下，乃至世界、人类、宇宙，而不要只装着自己家里那一小块儿自留地。那样的人，成事越大，对社会的侵害、伤害也越大。

我们再来看晚唐政治家柳玭在泸州刺史任上的轶事。

柳玭在今天并不出名，但提起大书法家柳公权，大家想必都知道，而柳玭就是柳公权的族祖父，柳玭的亲爷爷柳公绰也是大书法家，并且先天下之忧而忧，后天下之乐而乐。有一年，附近发生了灾荒，柳公绰既是高官，又是大族，但他每餐饭都不超过一碗，到丰年才恢复以前的饭量。有人问他原因，他回答说："四方的人都困苦饥饿，我能一个人吃饱吗？"到柳玭的时代，唐代已走到下坡路的最低点，黄巢大起义就发生在他的晚年。柳玭曾在朝中任御史大夫，这个官职仅次于丞相，但他被太监的谗言所伤，被贬为泸州刺史。在他的辖境内，有个叫牟磨的秀才，此人的父亲是个小官，他本人没什么文才，却自恃才高，经常打着拜谒的旗号，拿着自己的诗文，来与素有才名的柳玭切磋。柳玭对他评价很高，无论是公开场合还是私下场合，经常称赞牟磨。柳玭的儿子们也都有才华，他们觉得父亲做得有点过分——牟磨明明没什么诗才，写得乱七八糟，您干吗要称赞他？而且是一而再再而三地称赞他？这近乎虚伪。柳玭却对儿子们说："这就是你们不懂了。巴蜀一带，历来多豪强，现在世道又不景气，这个小官的儿子偏偏爱上了学问，如果不鼓励、引导他上进，他就会灰心丧气，逐渐倒退，乃至走上歧途，为祸一方。不少人，办好事、正经事没什么本事，但办起坏事来能力极大。我相信，由于我的称赞，别人一定会看重他，他自己也会加倍珍惜荣誉，愈发上进。这样，使巴蜀之地减少几个草寇强梁，不也是做了一件好事吗？"

确实是好事。好人与坏人、成功者与失败者，都不是天生的，都深受环境的影响。柳家世代有高官，且代代出高士，靠的是纯正的家风。柳玭本人的《诫子弟书》是很有名的，有兴趣的读者可以读读。本书鉴于篇幅有限，赶紧回到重点：在封建社会，士大夫们讲究修身、齐家、治国、平天下。修身与齐家，是成功的前提，也是成大事后不"摊上大事儿"的前提。古代也好，现代也罢，经常有一些人，因为没有高深的修养，或者没有管好自己的家人，最终命运悲惨，反倒不如那些庸庸碌碌的人。当然，人们还是要尽量力争上游的，在力争上游的同时，还要时刻心怀光明。成功，需要相对稳定的大环境。大环境不总是美好的，对此不能纠结，不能别人做坏人，我们也做坏人，不能别人对社会失望，我们也对社会失望。我们要在失望中看到希望，同时成为别人眼中的社会希望。如果我们能成大事，就兼济天下；暂时穷困不达，至少也要做到独善其身。

记得清华大学的孙立平教授说过："你有良知，世界便不会沉沦；你所站立的地方，就是你的世界；你怎么样，世界就怎么样；你是什么，世界就是什么；你光明，世界就不黑暗。只要你不被黑暗淹没，你就是阳光，就是烛火，不仅能照亮自己，还能点亮世界。"清华大学的吴维库教授也有类似的名言："这个世界总会有阴暗面，一缕阳光从天上照下来的时候，总有照不到的地方。如果你的眼睛只盯在黑暗处，抱怨世界黑暗，那是你自己的选择。你内心是一团火，才能释放出光和

尽管去做，别辜负成功的另一种可能

热；你内心如果是一块冰，就是化了也还是零度。"关键看你是想做一团火，还是做一团冰。人生，最重要的不是所处的位置，而是所朝的方向。当你的脸朝向阳光，阴影就会被抛在身后。

我们再来看一个故事。

太平洋战争前期，日本偷袭得手，将美国的殖民地菲律宾据为己有，大批美军被俘，然后他们被关在印尼苏门答腊岛东海岸的牢棚里。刚被关押时，人们还在计算时间。后来，疾病和衰弱让大家懒得去思考。战俘中，有人死于饥饿，有人死于疾病，有人死于生还希望破灭。没死的，也饱受饥饿威胁。这天，大家都没吃的东西了。只有一个人除外，他还有一根蜡烛。正常情况下，蜡烛是不能吃的，但他们已经饿到了疯狂的地步，蜡烛便成了可以吃的东西。当然，这个人并没有吃，也拒绝与难友们分享。同时，他又保证在必要的时候会给每个人一小段。就这样，大伙又挨了几日。一天晚上，这个人突然说："明年圣诞节我们就会回家了。"没有人回应。他又说："圣诞节的时候有蜡烛和钟声。"还是没人理他。他爬向了收藏蜡烛的箱子，所有人都盯着他看。有人小声说："他要开始吃了。"所有人都想："但愿他别忘了给我一小段，不，一口就行。"但这个人没有吃蜡烛，也没有分蜡烛，而是爬到门外，跟看守借火点燃了蜡烛，放在了床头。

不一会儿，人们不知何故，悄无声息地聚拢到了烛光旁。一个随军牧师看了一眼大家，用沙哑的、衰弱的声音说："圣诞节到了，光明在黑暗中闪耀；黑暗征服不了光明！"这是《圣经》新约中《约翰福音》中的词句，透过烛光，人们仿佛看到了上帝，也看到了家园。有人轻轻地说："明年圣诞节我们可以待在家里了！"很快，大家开始齐声欢唱，同时都确定无疑，明年圣诞节大家一定会待在家里。

事实也正是如此，他们当中的大部分人在第二年圣诞节前回到了家中，只有少数人回到终极的"家"——他们被同伴埋在了异国的土地，但临死时他们的眼睛不再像此前那样没有光泽。他们的眼睛充满着光明，同伴们都说，那是那根蜡烛发出的光明，是黑暗征服不了的伟大光明。

这个故事充满禅味。蜡烛，是光明的代名词。把蜡烛"吃"进心里，就有了一盏心灯。负能量这种东西，不是只有负面环境才会产生。正能量，在相对较好的时代也不一定就充盈。真正的智者，总是站在有光的地方。太阳很亮的时候，就让生命在阳光下奔跑。太阳落山后，还有高挂的明月为替代。如果月亮也没有，尚有满天闪烁的繁星。当星星也熄灭了，就为自己点一盏心灯吧。无论何时，只要心灯不灭，世界就有希望，成功就有希望。

3. 世界不公平但很合理，你唯有成功才能赢得公平

只有认同大多数成功人士的成功主要还是通过自己的努力换来的，他们的成功同样来之不易，是光荣的，我们才能变嫉恨为欣赏，欣赏他们的才能，学习他们的智慧，才能最终改善自身，跻身成功者的队伍。

数年前，我在一家文化公司做校对。公司老板王哥有句口头禅："好好干，放心，否则——王哥做人失败。"平心而论，王哥做人是不失败的，他为人风趣、大度，也大方，因此和员工的关系非常和谐。但有一天，大家突然听到王哥在办公室里大吼："你凭什么要求平等？"

原来他是在冲同事小王吼。小王是王哥拐了八道弯儿的亲戚，由于家里穷，他只读到初中毕业。刚到北京时，因学历太低，长得又瘦小单薄，连个保安的工作都找不到。就在他拖着行李准备回老家放羊时，亲戚把他介绍给了王哥，王哥见他人还老实，就把他安排到自己的文化公司，具体工作也就是取送一下稿件，有时间学学校对，月薪 1500，以后看情况酌情增加。

朝不保夕的小王当然很高兴。可过了几个月，他就心理不平衡了。因为他了解到，公司里每个员工都比他赚钱多，有人甚至比他高四五倍！为此，他开始变得牢骚满腹，抱怨公司待人不公，认为王哥看不起他。不然，为什么都是干活儿，别人赚 5000，他却赚 1500？那次发工资时，他再也忍不住了，气呼呼地质问王哥"为什么这么不平等"，于

是就有了开头的一幕。

小王的事情，令我想起了孙中山先生的"真平等假平等"。在国父看来，绝对的平等其实是一种"假平等"，因为这是在抹杀努力的成果。我出身农村，喜欢拿农村的事情举例子，就拿种地来说吧：有的人勤快，起早贪黑，除草施肥，灭虫浇水；有的人懒惰，地里的草比苗还高；二者的收成自然不会一样。这样的两个人如果实现了平等，那么只有一个解释：大家又回到了吃大锅饭的年代。

黑格尔说过："有嫉妒心的人，自己不能完成伟大事业，便尽量去低估他人的伟大，贬抑他人的伟大性使之与他本人相齐。"事实证明，一个人——特别是年轻人，初入社会，工作不顺心、薪水不够用，是正常的，这不可怕，如果他觉得这可怕，那是因为他没有真正经历过可怕的事情。世界上最危险的事情，是不把心思用在改善自己的生活、工作上，而是看到有钱人、有成就的人就心怀不满。

著名畅销书作家古古的《穷岛岛》中有一节"穷人最恨不平等"，写得着实有见地，不妨摘录如下，以飨读者：

洋人做生意的确有一套，肯德基、麦当劳就很好地迎合了穷人的心理。

店堂里没有雅间，就是你多付钱也不行，不管你有没有想与大众脱离的愿望，也不管你是不是真有大生意要谈，一律大厅就座。厨师都在后堂……收银通过机器……服务员只管清洁卫生，绝不半跪点烟……

不管你在店里有没有熟人，汉堡包的大小都绝无区别。不管你有钱没钱，是官不是官，都得排队付款，自己端着盘子找座位。

座位也是固定的，桌子不能挪动，椅子角度一致，不管你的肚子是大是小，你的屁股是胖是瘦，也不管你平时是坐沙发还是坐硬板凳的，都一视同仁，这就是平等！

于是穷人的心理平衡了。穷人最恨的就是不平等，在平等的地方他人才有自在和尊严。所以他们蜂拥而至，把麦当劳、肯德基的店堂挤爆，使这个美国人的快餐店，在中国硬是成了格调的象征。

于是很多人就一面认同洋快餐是垃圾食品，一面操起鸡腿，平平等等地大啃特啃。

麦当劳、肯德基的主人于是成了更富的富人，又一次体现出富人赚穷人的钱这个颠扑不破的道理。

上面这段话有小小的瑕疵存在：难道成功人士就不进麦当劳吗？但作者的话也是不容争辩的，至少我身边有位无车族朋友就曾在饭局上表示，路上堵车的时候就是他最开心的时候。

我并无意在这里为某些人讨什么公道。我只是想说，我们切不可从一开始就走偏，在偏激的道路上走下去，因为这不仅无助于我们摆脱现实的窘迫，往往还会被心中的欲魔所蛊惑，走上邪路，难以回头。只有改变这种不健康的心理，只有认同大多数成功人士的成功主要还是通过自己的努力换来的，他们的成功同样来之不易，是光荣的，我们才能变嫉恨为欣赏，欣赏他们的才能，学习他们的智慧，才能最终改善自身，跻身成功者的队伍。

在这方面，三国时著名人物刘备从侧面给我们做了好榜样。众所周知，刘备是个没落贵族，而且从小没了父亲，与母亲贩履织席为业。都说穷人的孩子早当家，但刘备明显不是那样。《三国志贰·先主传》说他不太喜欢读书，而是喜欢狗马、音乐、美服等传统上认为纨绔子弟才会喜欢的玩物丧志的东西。同时我们又知道，刘备终生不堕其志，那么就只有一种解释：他这些喜好是有深意的——这些东西都是当时的公子哥儿们喜欢的，刘备正可以借由共同的爱好与他们走到一起，进入他们的圈子，关键时刻，他们推荐一下，刘备就能做官，从而改变命运。事实上他确实也是这么做的，我们知道，刘备人生的第一个起点就是他那出身贵族、爱玩也会玩、同时很讲义气的同学公孙瓒。当然，刘备也具备改变自身命运的必要能力。

三国也好，现代也罢，我们必须承认，平等始终是个让人受伤的字眼。各种各样的不平等，在未来仍将不断地刺激我们敏感的心灵。如果我们对此毫不纠结，显然有点近乎麻木，但我们也必须知道，这个世界根本就不是根据平等的原则创造的。千万不要执着于它，纠结其中，否则我们必定会为其所伤，伤神、伤心、伤时间，太不划算。反过来说，就算这个世界是按平等的原则创造的，但时至目前，唯一的办法也只有通过成功来平衡它。

4. 生活总要往前走，你能做的就是坚持下去

富人有富人的难处，大人物有大人物的烦恼，而且他们的难处与烦恼往往不是钱能解决的。但他们不抱怨，因为他们知道抱怨没用。与其抱怨，不如改变。如果说抱怨是无能的表现，那么改变就是强者的标签。

3年前，国内某科研单位进行过一项社会调研，调研结果显示：生活中至少有1/4的人认为自己比周围人收入低，过得不如意。在谈到原因时，人们往往把原因归咎于社会大环境因素，如社会制度和社会风气等；而不是将其归咎于个人层面的原因，特别是个人因素，如自己是否努力，是否具备必要的知识和专业技能等。

这就是所谓的怨天尤人了。坦白说，老天和某些人在很多时候做得确实不太地道，但这并不意味着你可以将自己的失败归咎于社会，尤其是社会制度。美国的社会制度好不好？好多人都说好，但不也有成百上千万的失业人口吗？任何社会、任何制度都有它的优越性，同时有其弊端。而且当今世界，任何一种社会制度，最终都逃脱不了优胜劣汰、适者生存的丛林法则。

不要抱怨大环境，先解决小环境的问题。小环境好了，大环境自然就好了。一个人，如果总是怨天尤人，从不检讨自己，即使把他放到天堂，对他也是一种放逐。相反，一个懂得面对现实，懂得鼓励自己，时

刻保持积极心态，并且肯为自己的理想付出不懈努力的人，他哪怕笨一点儿、慢一点儿，最后终将会成功。

众所周知，华人首富李嘉诚成功前也是个穷小子。每天和穷同事们一起工作，李嘉诚发现，自己所看到的穷人，并不像某些文学家在文章中所赞美的那样，安贫乐道、淡泊慈悲，而是心中大都充满了嫉妒和愤慨。对于经济状态转好的同事，除了嫉妒之外，大伙还会串通一气诋毁他。虽然穷人有时也会相互帮忙，做些善事，但他们绝不希望自己的同伴出人头地，脱离平庸、贫穷的圈子。而那些比较富裕的人，或许有些为富不仁，但他们大都喜欢听别人成功的故事，乐意为他们庆幸，并从中吸取经验，以为己用。

这样看来，穷人其实是穷在了理念上，而所谓"平凡人"，也无妨趣味性地解读为摆不平自己心态，自己烦、也招人烦的人。新东方教育集团创始人俞敏洪先生经常在全国各高校演讲，用自己的亲身经历与体验启发年轻人。有一次，他说："我在北大的时候，我的同学有部长的儿子、有大学教授的女儿，而我却是一个农民的儿子，3次高考后才走进了北京大学，穿着大补丁、挑着扁担走进北大的，我们体育老师上课时从来不叫我的名字，都是叫那个'大补丁'，来做个动作……你会发现你总赶不上他们的状态，即使他们停下来一辈子什么都不做，他们所拥有的东西都比你多。比如大学一年级的时候，班上那个部长的孩子，每周五都有开着奔驰280的司机把他接回去。你想我们那个时候连自行车都买不起，他居然坐着奔驰280，那是一种什么样的感觉？你感到这辈子基本就完蛋了。但是今天我要告诉大家，我们一定要记住一个真理：生活总是往前走的，我们要走一辈子，你唯一能做的就是坚持走下去。所以我非常骄傲地从一个农民的儿子走到北大，最后又走到了今天。"

感谢俞敏洪，他总是能给我们一些带着辛酸泪水的微笑且强大的哲理。马云、史玉柱等也是这样，每次出现在公众场合，他们都是满面春风、侃侃而谈。难道他们就没有难处吗？当然有。富人有富人的难处，大人物有大人物的烦恼，而且他们的难处与烦恼往往不是钱能解决的。但他们不抱怨，因为他们知道抱怨没用。与其抱怨，不如改变。如果说抱怨是无能的表现，那么改变就是强者的标签。

古人说，"天若有情天亦老"，老天如果听到一个人抱怨就有了同情心，那么，这么多不如意的人，他老人家怎么帮得过来？柏杨先生也说，别抱怨，那比自行车胎漏气的声音还没意义。蝉联世界首富多年的比尔·盖茨同样说过："生活是不公平的，你要学会适应。"这里的适应，是广义上的适应，是比尔·盖茨式的适应，即在适应的基础上用能力去改造环境，创造公平。

人生不如意十之八九，对立志成大器、成大事来者，不如意相对会更多。对拥有良好家庭背景的人来说，那些出生在寻常之家或贫寒之家的人，会更难。然而这也是正常现象，既然是正常的，就要坦然面对。

我们来看看前美国总统艾森豪威尔小时候的故事。

艾森豪威尔是美军历史上唯一当上总统的五星上将。在美国政界名人中，他晋升速度"第一快"；在历届总统中，他出身"第一穷"。从一个平民之子，到举世瞩目的美国总统，艾森豪威尔凭得是什么？用他自己的话说，这一切源自于年轻时的一件小事。

有一次晚饭后，艾森豪威尔和家人一起玩扑克牌。他的手气很糟糕，一连几把牌都很坏。当他再次抓到一把烂牌时，他变得很不高兴，开始抱怨上帝。这时他的母亲停了下来，正色对他说道："如果你想玩，就必须用你手中的牌玩下去，不管那些牌是好是坏！"

艾森豪威尔一愣，母亲又说："人生也是如此，发牌的是上帝，不管牌怎样你都必须拿着。你能做的就是尽你全力，打好手里的牌，求得最好的结果！"

很多年过去了，艾森豪威尔却一直牢记着母亲的话。对生活，他从未存有任何抱怨，因为他总是能以积极乐观的态度去迎接命运的挑战，尽力做好每一件事，最终成为美国总统。

事实正是如此，发牌的是上帝，努力的是自己。选择权不在我们手里，怨天尤人、纠结其中，不能解决任何实质问题，还容易使人心理越来越灰暗，脚步越走越极端。我们能够做的，就是接受生活的烂牌，掌握成功的基本玩法，不断提高自己的牌技，把烂牌打好。人往高处走，水往低处流，怕就怕原地踏步，吃饱混天黑，却张嘴闭嘴社会不公。不想当将军的士兵不是好士兵。无论是古时候的帝王将相，还是现代人所谓的精英，其基因与大多数人相比都没有任何差别，其染色体也绝不会多出半条。出身底层、家境贫寒，不是谁的错，但谁若屈服于现实，对现状无动于衷，那绝对是他自己的问题。

尽管去做，别辜负成功的另一种可能

5. 侮辱不是剥掉尊严的利刃，而是催人奋进的发动机

　　翻脸不如翻身，生气不如争气，反击别人不如充实自己。只有争了气、翻了身、有了成就，那些让你生气的人才会一改往日对你的不恭敬，你也才能感受到以往让你生气的老天爷事实上是如此的公平。

　　据说，越是没本事的人，越容易翻脸。他们最爱说的一句话就是："跟你拼了，我这光脚的还怕你这穿鞋的吗？"搞得世界上的成功人士好像很怕他们似的，买房子都不敢跟他们买在一起，宁可多出几倍的钱也要去富人区。

　　翻脸不好，虽然翻脸有时也是一种艺术。生气更不好，哲学家康德说，那是拿别人的错误惩罚自己。翻脸不如翻身，生气不如争气，反击别人不如充实自己。只有争了气、翻了身、有了成就，那些让你生气的人才会一改往日对你的不恭敬，你也才能感受到以往让你生气的老天爷事实上是如此的公平。

　　在西方，有所谓"马太效应"之说，其要点是，一个人也好，一个群体也好，一旦在某一方面（如金钱、名誉、地位、事业等）获得成功和进步，就会产生一种积累优势，就会有更多的机会取得更大的成功和进步。用《圣经》中的话说，就是"凡是有的，还要给他，使他更富足；但凡没有的，连他所有的，也要夺去。"在这方面，东西方哲人取得了空前的一致。老子在《道德经》中说："天之道，损有余而补不足；

人之道，损不足而奉有余。"弱者恒弱，强者恒强，这是我们不得不面对的现实。如果我们愿意承认的话，我们所不屑为之的溜须拍马那一套，其实也是符合人性的，应该以平常心看待。当然，要想最终解决问题，还是要翻身，还是要争气。

讲个故事吧：

他是南方一位不愿透露姓名的富翁，他说他的成功肇始于两毛钱。

当时，家境贫寒的他为养活自己，在县城里摆摊擦皮鞋，每天能赚几十元，虽说不太体面，但也让他衣食无忧、自得其乐。

他很精明，当时的市价是擦一双皮鞋3～5毛钱，他每次都让顾客随意给，大多数人都好面子，都会给他5毛，然后大方地道一句："不用找了。"

当时县城有一位大商人，经常光顾他的鞋摊，但每次"随意给"总是给3毛，从无例外。这天，商人又一次掏出5毛钱，眼巴巴地等着他找钱。他没有零钱，随手把5毛钱扔进钱筐，没有下一步动作，言下之意就是说："还找什么劲啊！"商人仿佛看透了他的心思，当即站起身来说："我去给你换零钱。"他年轻气盛，没好气地抢白道："这么小气就别充老板！"商人一点儿都不生气，反而坐下来，盯着他说："你这么年轻，就为这两毛钱生气？年轻人，人生很长，你应该为自己生气！"

他一下子愣在了那里。良久，他砸掉鞋摊，绝尘而去，开始了自己的创业之旅。

两毛钱绝对不值得生气，这是谁都明白的道理。但故事中的富翁不讲出来，我们和故事中的未来富翁就不会明白。但富翁为什么会讲出来呢？未来富翁生气了。看来生气也不是绝对没好处，这个未来富翁的生气就颇有历史意义。

　　再来看美国石油大王洛克菲勒早年的故事。洛克菲勒事业有成后，曾在写给儿子的信中讲过这段亲身经历。他写道：

　　"我的儿子，你或许还记得，我一直珍藏着一张我中学同学的多人合照。那里面没有我，有的只是出身富裕家庭的孩子。几十年过去了，我依然珍藏着它，更珍藏了拍摄那张照片的情景。

　　"那是一天下午，天气不错，老师告诉我们说，有一位摄影师跑来要拍学生们上课时的情景照。我是照过相的，但很少，对一个穷苦家的孩子来说，照相是种奢侈。摄影师刚一出现，我便想象着要被摄入镜头的情景，多点微笑、多点自然，帅帅的，甚至开始想象如同报告喜讯一样回家告诉母亲：'妈妈，我照相了！是摄影师拍的，棒极了！'

　　"我用一双兴奋的眼睛注视着那位弯腰取景的摄影师，希望他早点把我拉进相机里。但我失望了。那个摄影师好像是个唯美主义者，他直起身，用手指着我，对我的老师说：'你能让那位学生离开他的座位吗？他的穿戴实在是太寒酸了。'"

　　"我是个弱小还要听命于老师的学生，我无力抗争，我只能默默地站起身，为那些穿戴整齐的富家子弟制造美景。在那一瞬间我感觉我的脸在发热。但我没有动怒，也没有自哀自怜，更没有暗怨我的父母为什么不让我穿得体面些，事实上他们为我能受到良好教育已经竭尽全力了。看着在那位摄影师调动下的拍摄场面，我在心底攥紧了双拳，向自己郑重发誓：总有一天，你会成为世界上最富有的人！让摄影师给你照相算得了什么！让世界上最著名的画家给你画像才是你的骄傲！我的儿子，我那时的誓言已经变成了现实！在我眼里，侮辱一词的词义已经转换，它不再是剥掉我尊严的利刃，而是一股强大的动力，如同排山倒海，催我奋进，催我去追求一切美好的东西。如果说是那个摄影师把一个穷孩子激励成了世界上最富有的人，似乎并不过分。"

这个故事告诉我们，狗眼看人低并非中国人的专利。外国的势利小人也不少，千万别跟他们一般见识。人生是向前发展的，艰难是一时的。跟没有素质的人浪费时间，不如抓紧时间改造命运。

最后讲一个学术界的故事，权当我们的结尾。

清末著名学者辜鸿铭学贯中西，精通9国语言，先后获得过13个博士学位，号称"清末怪杰"，以至当时西方学术界均称"到中国可以不看紫禁城，不可不看辜鸿铭"。

辜鸿铭之所以享誉全球，与其年轻时的闻耻发愤是分不开的。28岁那年，辜鸿铭从欧洲归国，做了两广总督张之洞的幕僚。1896年，适逢张之洞六十大寿，嘉兴大儒沈曾植前来祝寿。宴会上，辜鸿铭高谈阔论中西学术，沈曾植却始终一言不发。辜鸿铭觉得奇怪，便问："先生为何沉默不语？"一向自视饱学无匹的沈曾植当时根本瞧不起这个没什么国学根基的小伙子，当即冷冷地说："说了你也不懂。你的话我都懂，但你要懂我的话，还须勤读20年中国书。"

辜鸿铭受此羞辱，并不生气，只是从此更加发愤，潜心研读中国典籍。两年后，沈曾植再次前来拜会张之洞，辜鸿铭听说后立即叫手下将张之洞的藏书搬到客厅，沈曾植不解地问："你让他们搬书做什么？"辜鸿铭说："没别的，就是请教一下沈公，有哪一部书你能背，我不能背？又有哪一部书你懂，我不懂？"沈曾植大笑说："今后，中国文化的重担就落在你的肩上啦！"干脆挂起了免战牌。

尽管去做，别辜负成功的另一种可能

6. 尘埃落定之前，你要始终坚持扶摇而上

人，往往是这样，不逼自己一把，或者说不被社会逼一把，我们就不知道自己有多大本事。潜能，每个人都拥有它，一定程度上说，它甚至是无限的，只是在它未爆发之前，你可能永远不知道它到底在哪儿。

70后、80后大多都听过这样一句经典台词：燃烧吧，我的小宇宙！什么意思呢？简单来说就是燃烧我们的意志和斗志，激发内在潜能，化不可能为可能。

潜能，顾名思义就是潜在的能量。潜能一度被世人传得非常玄乎，本书不拟让它玄上加玄。比如，曾有报道说某人在逃命时跨越了4米宽的悬崖，这是可信的，在性命攸关的时候，人的潜能会发挥出来，甚至超过某些多年接受专业训练的运动员。但若说一个人能跨越40米宽的悬崖，那肯定是在写武侠小说。

潜能有很多种，包括创造潜能、表演潜能、身体潜能、精神潜能，等等。俄国戏剧家斯坦尼斯拉夫斯基某次在排练话剧时，女主角突然因故不能参加演出，出于无奈，剧作家便让自己的大姐担任这个角色。问题是这个大姐从未演过主角，心里背着包袱，很不自信，所以排演了好多次都演得很差。这令斯坦尼斯拉夫斯基非常不满，他生气地说："这段戏是关键，如果女主角仍然演得这么差劲儿，整个戏就别再排了！"顿时全场寂然，大姐站在那里，备感屈辱，沉默良久后，她突然抬起头

来坚定地说："排练!"这次，她一扫之前的自卑、羞涩和拘谨，演得非常自信。演罢，剧作家高兴地说："从今天起，我们又多了一个大艺术家。"这个故事，讲的就是表演潜能。但很明显，如果不是斯坦尼斯拉夫斯基发了火，让大姐备感屈辱，积聚在大姐身上的表演潜力也不可能瞬间迸发出来。在这里，刺激起到了不同寻常的作用。

人，往往是这样，不逼自己一把，或者说不被社会逼一把，我们就不知道自己有多大本事。潜能，每个人都拥有它，一定程度上说，它甚至是无限的，只是在它未爆发之前，你可能永远不知道它到底在哪儿。

美国有名女运动员叫冯奈塔·弗劳尔，她是 2002 年盐湖城冬奥会双人雪橇项目的冠军之一。众所周知，任何一项体育运动，要想取得好成绩，特别是想夺取世界第一的桂冠，就算是极有运动天赋的人，也得经过多年的训练。冯奈塔自然也是那样做的，不过，她最初练的项目并非是双人雪橇，而是短跑。后来，她根据教练的建议改了项目，但依然不是双人雪橇，而是跳高。1996 年奥运会前，她曾想象过自己站在跳高冠军台上领奖的样子。不幸的是，在距奥运选拔赛还剩两个月时，她在练习时撕裂了韧带。虽然她很快站了起来，但只能把梦想锁定在 2000 年奥运会了。转眼过了 4 年，在此期间她仍是一如既往地训练，然而在奥运会临近之际，她再次撕裂了韧带。这时，她已经前后整整训练了 17 年，17 年的梦想基本上就这样完了。但她的男友告诉她，"也许你还可以继续"，并且告诉她有位女子双人雪橇选手正在征集 2002 年盐湖城奥运会的搭档，而冯奈塔正好具备相应的要求，大可一试。这一试不要紧，经过刻苦训练，2002 年，她们不仅获得了冠军，还打破了世界纪录。而在 2000 年时，冯奈塔甚至没见过双人雪橇是什么模样!

有人会说，你说的这个人——冯奈塔，她根本就不是普通人，而我们各方面都很普通，没有可比性。那我们就来说个有可比性的故事，不过这个人也是大名人，他就是"飞人"乔丹。

乔丹出生在美国一座贫民窟里。他有两个哥哥、一个姐姐、一个妹妹，父亲工资微薄，根本填不饱一家人的肚子，所以他从小就在贫穷与歧视中度过。对于未来，他看不到什么希望。没事的时候，他总是蹲在低矮的屋檐下，默默地看着远山，沉默且沮丧。

13岁那年，有一天，父亲突然递给他一件旧衣服，问："这件衣服大概值多少钱？""1美元吧。"他回答。"你能把它卖到两美元吗？"父亲又问。"傻子才会买。""你为什么不试一试呢？你长大了，家里不好过，要是你能卖掉它，也算帮了我和你妈妈。"

他这才点点头，接过衣服："我可以试一试，但是我不一定能卖掉。"然后，乔丹把那件衣服很小心地清洗了一遍，又用刷子代替熨斗，把它刷平，然后阴干。第二天，他一大早就带着这件衣服来到一个地铁站，在那里整整叫卖了6个小时，最后终于以两美元卖出了它。他紧紧攥着这来之不易的两美元，一路奔回家，把它交给父亲。此后，他开始热衷于从垃圾堆里淘拣有钱人丢弃的旧衣服，打理好，卖些小钱，补贴家用。

过了一段时间，父亲又递给他一件旧衣服，提出更高的要求："你看这件衣服能不能卖到20美元？"看着他疑惑的眼光，父亲还是当初那句话："为什么不试一试呢？"父亲离开后，他想啊想，终于想到一个好办法。他找到自己的表哥，表哥正在学画画，他让表哥在衣服上画了一只可爱的唐老鸭和米老鼠，然后带着它来到一个贵族子弟学校门口。那天傍晚，一个来接小少爷的阔管家为他10岁的小少爷买下了这件衣服。他当然不会穿它，但他非常喜爱衣服上的图案。小少爷一高兴，还让管家给了他 5 美元的小费。25 美元，他父亲当时一个月的工资也不过如此。

没想到，当他把 25 美元交给父亲时，父亲又拿出一件旧衣服，再次说："你能把它卖到 200 美元吗？"这次，他没有任何犹豫，他相信自己一定有办法。至少，自己可以试一试。两个月后，机会来了——当红电影《霹雳娇娃》女主演拉弗希来到纽约为自己的新片造势宣传。他带着那件浆洗一新的衣服，和一大群粉丝围在记者招待会会场外。招待会一结束，他猛地推开一个保安，冲到拉弗希面前，举着旧衣服请她为自己签名。拉弗希先是一愣，继而露出微笑，流利地在那件旧衣服上签上自己的芳名。他笑着问："拉弗希小姐，我能把这件衣服卖掉吗？""当然，这是你的衣服，你怎么处理是你的自由。"他礼貌地说了声谢谢，然后欢呼道："快来看，拉弗希小姐签名的运动衫，只要 200 美元！"出乎他的意料，这件旧衣服竟然引起了现场粉丝的竞拍，最终，一个石油商人出了 1200 美元的高价收藏了它！

回到家，他和父母及兄弟姐妹陷入了狂欢之中。当晚，他和父亲抵足而眠。父亲问："孩子，你从卖衣服当中明白了些什么吗？"他答："我明白了，您是在启发我，只要开动脑筋，办法总是有的。"

父亲点点头，又摇摇头，说："你说得对，但这不是我的初衷。"父亲说："我只是想告诉你，一件被丢弃的旧衣服都有办法高贵起来，何况我们这些活生生的人呢？我们有什么理由对生活丧失信心呢？我们又为什么不能梦想一些不可能的事情？"

父亲的话像一道闪电，直击乔丹的内心深处。是啊，连一件旧衣服都有办法高贵起来，我有什么理由妄自菲薄？从此，他开始努力学习，刻苦锻炼。20 年后，他的名字传遍了世界。

不是这个故事，有谁知道乔丹还有个励志大师级的父亲？让每个人都拥有这样一位伟大的父亲，是不现实的，让每个人都成为乔丹，更不现实。不是每个人都能飞得起来。但有句话说得好，因为不能飞，所以要奔跑，我们要相信潜力，永葆一颗积极向上的心，翻过一重又一重自我设限的大山。人生永远不设限。在尘埃落定以前，要始终如一地坚持扶摇而上的姿态。在尘埃落定之后，也要相信，只要不停止追寻的脚步，必然有亮丽的风景等候在前方。

第二章
欲成大器，先要做人大气

尽 管 去 做 ， 别 辜 负 成 功 的 另 一 种 可 能

你的心有多宽，你的舞台就有多
大；你的格局有多大，你的心就能有
多宽！放大你的格局，你的人生将不
可思议！我们要想成就事业，需要提
高做人的格局，需要大气地做人。

1. 外延无限延展，你的前景才能一片光明

总关注眼前的、实用的，人的格局就会越来越小，就走不出自己的那个泥沼。哪怕走得很通畅，也不过是在一个透明的屋子里徘徊，一眼就看到头了。要把自己的格局、外延打造得更大、再大些，这样你就和无数人结成了命运共存体，就会有宏大的气场——有那么多人支撑着你，想不大也难，机会敲你的门的机会也就越大。

《先有大格局，后有大事业》——这不是一本畅销书，但它却是我目前看过的励志书中最棒的一本。作者张鹏的很多思想都有令我惊艳的感觉。我建议大家也去看看这本书。

什么叫格局？作为一个作者，我在这里大力推荐读者去读另一作者的书，这就是格局。当然，这样的格局远远不够，我们都需要不断修炼，以便拥有更大的格局。

让我们引用一些该书中的精彩文字。

什么是"格局"？

在一部电影中，原始部落的长辈对即将成为部落领袖的年轻人说："一个好人，会围起保护圈，照顾里面的人，包括他的女人和小孩；有的人，围起更大的圈子，照顾他的兄弟姐妹；但是有些人，有更大的使命感，他们必须在身边画个大圆圈，把很多很多人的利益都放在里面。"这，或许就是"格局"最核心的利益吧。

如果要给"格局"下一个定义，不妨用一句很通俗的话来描述，就是"个人所关注的利益圈大小"。

……

真正看懂、看清格局，需要先对"格局"这两个字做一番剖析推敲。

……

我们能列举出一大堆与"格局"有关的词或短语，比如"局限性""人格""品格""格物致知"等。

我们经常讲"局限性"，其中带有"局"字，我认为它就是"格局"的"局"——由于"格局"不够大，所以有"局限性"。

我们也经常说某些人具有"人格魅力"，其中的"格"也可能与"格局"有关——因为这些人的"格局"很大，所以具有"人格魅力"。

我们还经常说应该追求某种"精神品格"，其中的"格"，也和"格局"有关——"精神品格"越高的，格局相对越大；反过来也一样，"格局"越大的，"精神品格"往往就越高。

……

现在人们的格局不够大，各人自扫门前雪，哪管他人瓦上霜，所以，才出现了一系列问题——人类社会一直在发展和进步着，但在精神意识方面，很多人的格局观依然停留在古代。

在古代，人们过的是男耕女织的生活，男人种田，女人织布，家里吃的、穿的统统自行解决。如果说古代人可以相当于"一个人"的话，当代人只能算是"一条胳膊""一条腿"，甚至"一个手指头"。

……

当代的每个社会成员如果想保持自己作为"人"的完整性，就不得不把格局扩展到更多人。

大格局有着显而易见的好处，保险业就是一个典型的例证。"保险"的理念是用更多人的力量共同来抵御风险，前提是每个人都要付出一些小小的代价，但换来的是一份"保险"。尽管付出这笔保险费多少让人有点舍不得，但是越来越多的人会选择交纳这笔费用，我们已无法想象退回到没有保险业的时代。

这是社会向更高级的文明发展之后，对个人格局的倒逼——只可惜，很多人还没有充分意识到这一点，由此才出现了一系列被人们称为"道德滑坡"的事件。

其实人在本性中是或多或少都有大格局意识的：绝大多数人，其格局通常都不仅仅是自己，而是以家庭为基本单元，自然而然地会考虑到父母、子女、妻子或丈夫——但是，这还不能算严格意义上的大格局，至少与当今时代的需求尚有差距。

把格局再放大一些，明白我们每个人和身边的人其实是相依相存的，有着共同的利益和前景，我们的生活或许会随着格局一起豁然开朗。

为照顾年轻的朋友，我们再举一个实例。

1995 年，30 多岁的钱金波决定在老家温州创办自己的鞋业公司，打造一个属于自己的一流皮鞋品牌。

但当时摆在他面前的难题是，温州鞋业市场早已强手如林，个个如狼似虎，想从他们口中分得一杯羹，难如登天。更何况，钱金波的资金并不雄厚，甚至连开一个小型制鞋厂都做不到。

但另一方面，钱金波又觉得温州的制鞋业虽然发达，可产品缺乏文化品位，没有形成自己的品牌，而这正是自己的机会所在。因此，他决

尽管去做，别辜负成功的另一种可能

定在皮鞋的设计上下功夫，并最终从仿生学的角度出发，设计出了一款仿生皮鞋，也就是后来我们所熟知的"红蜻蜓"。

设计方案有了，可是还必须请一个技术非常娴熟、高超的顶级鞋匠。因为只有这种行业高手才能够完全领会钱金波的设计意图，并且分毫不差地制作出他所想要的皮鞋来。

办法只有一个，高薪去挖。在当时，一个顶级鞋匠一年的收入也只不过5万而已，但当钱金波多方打听最终找到一位顶级鞋匠时，对方却看不上他。

鞋匠问："你一无制鞋工厂，二无营销团队，三无销售渠道，凭什么请我去？"

钱金波的回答很不靠谱，用今天的话说就是忽悠："凭对你的将来负责！"钱金波解释道："你只有现在到我这儿来干，才不会浪费你的真正才华，将来也不会后悔！"

鞋匠笑笑说："请我也行，但薪酬要一年10万！你付得起吗？"

钱金波立即回答："没问题，我再给你加点儿，12万！"

不久，钱金波高薪请鞋匠的事情不胫而走，迅速传遍整个温州城，包括同行、代理商、顾客等在内的很多人都知道了"钱金波"这个名字，并开始有意无意地关注起他即将要生产出的皮鞋来。

几个月后，通过租用其他人的鞋厂，钱金波的第一批皮鞋终于问世了，令他自己都没有想到的是，皮鞋刚一投放市场，就引来疯狂的抢购，原因很简单：人们都想亲身感受一下年薪12万的鞋匠做出来的皮鞋到底有多好！接下来，更让他意想不到的是，一大批顶级鞋匠也纷纷慕名而来，投靠到他的公司。在众人的合力下，钱金波的皮鞋越来越受市场欢迎，销量一天比一天好！如今，他生产的"红蜻蜓"皮鞋年销量达 1000 多万双，销售额近 20 个亿！

"格局"这种东西，看似是一个人的事情，实际上是一群人的事业。"事业"是个大词，它不是一个人能够完成的，尽管人们总是说某某人的事业很大、很成功，其实他的事业是他本人及围绕着他的无数人一起努力促成的。普通人迫于生活、囿于眼界，可能会觉得钱这玩意儿最实在、最有用、最能提供安全感，实际上，人世间除人之外，都是附属品。只要能吸引、聚拢足够的人，发挥团队与集体的力量，一切都有了。当然，吸引人、聚拢人也有个质与量的问题，也就是人才的价值。人才闪展腾挪，寻找的就是有格局的老板。附属于人的钱也是如此，资本流通世界，寻找的就是赚钱的地方。像上文中，年薪 10 万与 12 万，对有格局的钱金波来说，其实是没有太大差别的，差别在于人才。人才不是大白菜，特殊人才必须特殊对待。

普通人也往往更注重技术之类切切实实、近在眼前的东西，这没什么不好，但恰如白岩松所说，我们要学着关心一些不太具体的东西，因为它能给我一个很大的格局。总关注眼前的、实用的，人的格局就会越来越小，就走不出自己的那个泥沼。哪怕走得很通畅，也不过是在一个透明的屋子里徘徊，一眼就看到头了。要把自己的格局、外延打造得更大、再大些，这样你就和无数人结成了命运共存体，就会有宏大的气场——有那么多人支撑着你，想不大也难，机会敲你的门的机会也就越大。

2. 就算是上帝，也需要天使帮忙传播福音

靠自己一个人的力量，很难成就一番事业。想要成就伟大的事业，就得广交朋友，集结更多优秀人士，相互依靠、相互支持，也相互分享、相互包容。

俗话说，一个篱笆三个桩，一个好汉三个帮。没有帮手，一个人能力再强也很难获得太大的成功。你看高高的山坡上，大石头和小石头错落有致，大石头需要小石头来塞，才会有一个平稳的支撑点；小石头需要大石头来垫，和大石头结合在一起，才会更加安稳。人生也是如此。那些生活中的成功者，都深深明白这个道理。他们在做事的时候，身边都集结着一批得力的、相得益彰的帮手。

一个人要想成就大事，必须有点儿能量。前面讲过，人有巨大的潜能。一则新闻则从比较奇葩的角度阐释了这一点：在宇宙飞船的封闭空间里，人体消化所排出的气体积累起来，甚至可以引起爆炸。在现实生活中，我们往往感觉不到自己的能量有多大，那是因为我们所处的空间实在太大。在这种情况下，唯一的办法就是借助他人或者说是社会的力量。所谓"一个好汉三个帮"，之所以要有三个"帮"，是为了更好地发展自己的能力，有一个更加广阔的平台供自己驰骋。

古希腊圣哲亚里士多德曾以自己为例，阐释过合作的重要性。他说，自己在常人眼中是个了不起的博物学家，但他这个博物学家实际上

所知有限，在具体实践方面更是如此。所以，他不可能去做所有的事，因为很多事情他也做不好。做饭，他肯定不如厨师。洗衣，他肯定不如女仆。缝衣，他也不可能比得上裁缝。人类社会发展到今天，已经不存在所谓的博物学家了，只有专才，包括所谓的博士，其实也只是在一个很小的领域内进行深入研究的人。没有人是万能的，除非他是上帝。就算是上帝，也还需要天使去帮他传播福音。

人们常说，大海最壮美，其实大海也最脏。因为水流千遭归大海，大海是一切脏水的最终归宿。但站在另一角度上看，大海之所以博大，也是因为它从不拒绝四面八方奔流而来的各种水流，清澈的、浑浊的、肮脏的、臭不可闻的、剧毒的，这对大海来说，都不要紧，只要水肯去，它都能包容。人们说，要拥有大海一样的胸怀，言下之意也就是人说要像大海一样，善于包容人世间种种的不洁。当一个人明白了我们交朋友交的是朋友的优点，明白了"沧浪之水清兮，可以濯我缨；沧浪之水浊兮，可以濯我足"的时候，那么一个人走到哪里，都不愁交不到朋友。

雨果说："比陆地宽广的是海洋，比海洋宽广的是天空，比天空宽广的是人的胸怀。"其潜台词是说，一个人既要有吞吐宇宙的气概，也要有大海一般的胸怀。不然，即使能通过所谓的气场吸引一批人，做成一些事，也会因容不下人最终众叛亲离、身败名裂。

古人说得好："天时不如地利，地利不如人和。"人和，指的就是团结在一起，共同努力，不断把事业做大。这样，才会实现自己的理想。做得更好的话，还能天下归心。反之，即使能力再强，但由于不注意团结周围的人，最终也难免陷入孤立无援的窘境，甚至是群起而攻之的绝境。

我们来看三个历史人物：陈胜、项羽与刘邦。

先说陈胜，上过学的人都知道，此人久有鸿鹄之志，只因时势未至，才会被一些"燕雀"所笑。后来，连绵的阴雨与严苛的秦法逼得陈胜率众人揭竿而起，干起了当时人所能想象到的最大的事——改朝换代。在全国各地的起义队伍的推动下，陈胜不仅当了王，而且是精神领袖。但他这个领袖只做了 6 个月，至于原因，主要是因为他在陈县称王后，一个当年和他一道佣耕的同事——不知道是不是那位"燕雀"——前往投奔，进宫后，由于是故人，这个同事表现得有些随意，经常在公众场合讲些陈胜在家乡时的糗事。有人告诉陈胜："此人愚昧无知，每天在众人面前胡说八道，有损大王的威严。"这话说得有道理，但当年发誓"苟富贵，勿相忘"的陈大王，竟命人一刀结果了他的性命！这下威严有了，人心却散了，亲朋故旧纷纷离去，包括陈胜的老丈人在内，再没有敢亲近陈胜的人了。半年后，众叛亲离的陈胜死在车夫庄贾的刀下。

再说项羽，此人在三人中能力最大，力能扛鼎，气压万夫，且兼通文武，相貌、出身都不错。但他有个致命要害，那就是武大郎开店——容不下高人。他颇有些妇人之仁，涉及利益时也往往像个抠抠搜搜、磨磨叽叽、头发长见识短的女人，论功行赏时，官印上的刻痕都快被他的手掌摩挲平了，还在纠结，还舍不得给别人。结果两个极其重要的左膀右臂——韩信和陈平，先后离他而去，加入了死对头刘邦的阵营，硕果仅存的智囊范增后来也被他气死了。而且，项羽非常残暴，动不动就屠城。秦王子婴明明已经投降，他也照杀不误。阿房宫那么富丽，一把火烧了，秦始皇不准许老百姓看但自己拼命收藏的珍贵图书也随之付之一炬，结果民心大失，最终被刘邦、韩信等人合围于垓下，自刎于乌江。

最后说刘邦，这三人中能力最小但最终成了西汉开国皇帝的"破落户"。刘邦出身平民，学无所长，没多少文化，也没有太高的德行，甚至连一技之长都没有。经过战国末期的大规模战争以及秦朝统一后的修长城等运动的摧残，天下出现了大批寡妇，男少女多，但即使这样，刘邦到了三十好几了还依然没个媳妇。然而，此人最终君临天下，也大大影响了整个民族的进程。之所以会如此，一是在于他懂得"一个好汉三个帮"的道理，努力团结天下英豪，使得当时优秀的谋士们纷纷投奔他，最厉害的武装也纷纷归其麾下。二是他有宽阔的容人之量。陈平有欺兄盗嫂的恶名——姑且不论是真是假，刚刚投奔刘邦时又接受贿赂，但刘邦忽略这些，只重用其谋略；韩信投奔刘邦没多久就触犯了兵法，按律当斩，临刑前，他高叫："汉王不是要统一天下吗？怎么能杀英雄？"经过萧何的推荐与亲自考察，他发现韩信当真是少有的英雄，所以刘邦不但不杀他，还筑坛拜将，给了韩信极大的权力与心理满足感。在韩信想开小差想做"假齐王"时，又主动给他额外的福利，封他做"真齐王"……就这样，通过与这些人共同努力，刘邦最终击败了威震天下的项羽，成就了帝王之业。

再来看刘备，看过《三国演义》的人都知道，初见关羽与张飞，刘备心里就在想："单丝不成线，孤木不成林。欲成大事，此二人可是难得的好帮手。"接下来，他与二人交往，并在桃园结义。此后，二人从未生出过背叛刘备之心。当然，在二人犯错的时候，刘备也总是以情义为重，善加包容。就这样，一个织席贩履之人、一个杀猪卖肉的屠户、一个杀了人无立身之地的小贩结合在了一起，彼此帮助，相得益彰，留下了千秋美名，也奠定了蜀汉政权的根基。

总之，一个人在社会上打拼是非常不容易的。靠自己一个人的力

尽管去做，别辜负成功的另一种可能

量，很难成就一番事业。小聪明、小心眼、小钻营、小肚鸡肠、小里小气，终究是吃不开的，结果只能是小打小闹。想要成就伟大的事业，就得广交朋友，集结更多优秀人士，相互依靠、相互支持，也相互分享、相互包容。

3. 安逸是成功的死敌，你不能在该奋斗的年纪迷恋安逸

如果你有梦，就应该勇敢去造梦，为你的梦想拼搏一把，别纠结。想过安逸的生活，失败了也还有机会。有魄力的人不一定成功，但有魄力的人生肯定精彩。

日本有个著名企业家叫井植岁男，他是日本三洋电机的创始人，也参与了日本松下集团的创建，因为松下集团的创始人松下幸之助是他的姐夫。关于井植岁男的创业轨迹，这里就不介绍了，下面要介绍的是他成功之后的事。

有一天，三洋公司负责修剪花草的园艺师正在工作，井植岁男走了过来，并饶有兴致地观赏他的手艺。园艺师一边工作，一边对老板说："社长先生，您的事业越做越大，企业越办越好，而我却一事无成，太没出息了。您教我一点创业的秘诀吧？"井植岁男点点头，说："行！你园艺方面很内行。我也正想把工厂旁的两万坪空地用来种树苗。树苗1棵多少钱能买到呢？""40元。"井植又说："好！以一坪种两棵计算，扣除走道，2万坪大约种2万棵，树苗的成本最高100万元足够了。3年后，1棵可以卖多少钱呢？""大约3000元。""100万元的树苗成本与肥料费由我支付，3年中，你负责除草和施肥工作。3年后，我们扣除各种费用，应该会有600多万元的利润。到时我们每人一半。你看怎么样？"听到600万元，园艺师惊恐地说："哇？我可不敢做那么大的生

意!"既然他不敢做，井植岁男只好找另一位园艺师合作，并且很轻松地取得了成功。而那位园艺师则始终一边羡慕着别人的成功，一边为井植岁男打工。

这位园艺师，理论上是永远也不会成功的，除非他能变得有魄力一些。上面案例中的生意其实并不大，日元汇率最高时也不过人民币的十几分之一。所谓的日元600万，人民币不过二三十万而已。当然，这对一个园艺师来说或许仍然是天文数字。但井植岁男已经许诺了，树苗钱与肥料钱自己全包，地也是井植岁男的，园艺师只需要进行三年的管理，这虽然也是一种投资，但不用从兜里往外掏钱，他也不用从头学什么专业技术，自己还是业内精英，可以说成功是十拿九稳，最终利益也能一眼看到底，相对来说属风险最小的一类投资。但即便这样，他还是听罢便立即回绝了，连纠结都没纠结。

现实生活中，这样的好事是不太多见的。很多人之所以不敢一试，往往不是嫌事情大，也不是他们胆小，而是相关领域风险太大，他们缺乏专业知识，也看不透，所以不敢轻易介入。这时候，仅有魄力是不够的，仅凭一腔热血及美好想象，甚至再加上拼命努力和坚定执着也不行，所以，谨慎些是无可指摘的。

当今不比改革开放之初。30多年前，当真是有胆量就有产量，有胆量就有收获。现在，不排除仍有人稳妥成性，但整体来说人们是胆量越来越大了。在这种情况下，拼得就是勤奋与智慧了。勤奋是一切成功的基石，每个人的勤奋只有每个人自己清楚。但只有一块基石是不足以砌筑事业的高楼的，还要有智慧。或者说，成功是大厦，勤奋是砖瓦，而智慧是水泥砂浆，二者缺一不可。但是反过来说，任何事情都有反作用力，太勤奋，有时会让人忘记思考；太智慧，有时会让人前怕狼后怕虎。这时候，就需要魄力上场了。魄力是什么？魄力就是左手拿砖瓦，右手舀砂浆的大工匠，看准了、想好了，开干！

想成功，想有所成就，非得有胆量不可。世界上不存在绝对有把握的事情，因为一切都在变化之中。在你介入之前，事情可能还有把握。在你介入的那一秒，可能情况已经变了。对此，人要有必要的谨慎与必要的魄力，否则，再好的机会来临，也只能坐失良机。

弗兰克·贝吉尔说过："很多人一直在告诉别人，总有一天他会成功。其实，他只是在炫耀，好让别人看得起他。一天一天地过去，我们的理想实现了多少？我们又成就了多少大事？时间与机会不断地提供给我们，我们又掌握了多少？为何如今依然未能看见自己迈向成功？事实上，不是我们缺少机会，而是我们根本就不曾行动；而我们之所以不曾行动，就是因为我们有太多顾虑，太怕失败，太怕别人笑话，太自爱，怕自己冻着、累着、饿着，再也过不上虽然不富足但足够安逸的生活……"

安逸是成功的死敌。温柔乡即英雄冢，生活过得太安逸，时间一长，人难免失去斗志。SOHO中国有限公司董事长潘石屹曾经讲过这样一个小故事。

1984年，我21岁，大学毕业后被分配到河北廊坊管道局工作。几年后，单位新分配来一个女大学生，她对分给自己的办公桌椅非常挑剔。我劝她："凑合着用吧。"她却说："小潘，你知道吗，这套桌椅可能要陪我一辈子的。"这句话深深触动了我："难道我这辈子要与这套桌椅一起度过？"

后来，我遇到一位在深圳下海经商的老师。老师说，现在的深圳，如火如荼，钱多，机会也多。我问："要那么多钱干什么？"老师说：

尽管去做，别辜负成功的另一种可能

"要钱干什么？就比说你身上的衬衫吧，如果你有钱，你就可以买两件，等一件穿脏了，你就可以换另外一件。"不久，我便辞了职，揣着变卖全部家当换得的 80 元钱，投奔那位老师而去。

我们当然可以选择过一种安逸的生活，没有人强迫你一定要成功，但这个世界永远有选择。或者说，不管这个世界如何选择，你能否做到真正甘于平淡呢？如果能，那么放弃安逸的生活去赢得事业的成功对某些人来说未必就是好事。怕只怕有些人又想吃肉，又怕烫舌头，又想成功，又不想付出代价、承受可能的失败的结果。所以，如果你有梦，就应该勇敢去造梦，为你的梦想拼搏一把，别纠结。想过安逸的生活，失败了也还有机会。有魄力的人不一定成功，但有魄力的人生肯定精彩。

4. 你多了一些磅礴大气，就不会小肚鸡肠了

我们多一些磅礴大气，少一些小肚鸡肠，克服狭隘，豁达大度，人生的烦恼会少很多，事业的阻碍也会少很多。

"大气"这个词，严格来说是不对的，它是现代人对"大器"一词以讹传讹的产物。所谓"大器"，本意是指贵重的器物，特指商周时期的青铜器，后来引申为大才。但孔子说过，君子不器，意思是说作为一个君子，要有心怀天下的宽广胸襟，要能装得下万事万物，而不能像一个具体的器具，因为器具——比如鼎，容量再大也有其限度，有度就有盈，而天道忌盈，所以君子要不器。另外，任何器具，都是有具体的且单一作用的，如斧子能砍能削但不能锯，犁能耕但不能用于耘，这不符合孔子的教育理念，孔子培养的均是全才、通才式的人物，允文允武，不限于一技一艺。这固然有其时代落后性，但在中国漫长的封建社会时期，士大夫都是这样要求自己的。

唐代名相狄仁杰，急公好义，刚正不阿，且有雅量。天授二年（公元691年），武则天任命狄仁杰为宰相。不久后的一天，武则天告诉他："爱卿做刺史时，政治清明，百姓安居乐业，是一个难得的地方官，可当时朝中还有人弹劾你，说你的坏话。我现在把他们的名字告诉你，你以后小心为妙。"狄仁杰却说："不，请陛下千万不要说出他们的名字。如果陛下认为我有过错，我应该改正。如果陛下认为我没有过错，那是

陛下圣明。至于别人说什么，我不想知道。一个人最怕挟私怨，一旦挟私怨，好人也会被看成坏人。如果我知道了是谁弹劾过我，我难免心生怨恨，如果因此不能公正地对人对事，岂不辜负了陛下的厚望？如果不知道，大家仍然是好朋友，可以共事朝廷。希望陛下永远不要让臣知道。"武则天听后，愈发觉得他心地坦荡、心胸豁达，对他更加信任。

狄仁杰对人对事不挟私怨，凡事以大局为重，这种品格历来为人们所称道。原因就在于这不仅仅是为臣之道，更是为人之道。有句俗话叫"将军肚上能跑马，宰相肚里能撑船"，历史上大凡有建树的政治家、军事家、外交家，其器量一般都很大。如战国廉颇的"负荆请罪"；汉朝韩信的"胯下之辱"；三国张飞的"义释颜彦"，诸葛亮的"七擒孟获"，曹操的"重用陈琳"；唐太宗"以人（魏征）为镜"……所谓成大事者不拘小节，人的度量大，看问题往往可以从大处着眼，所谓"站得高，看得远"，而没什么见识，也没什么追求的人，则喜欢整天为了鸡毛蒜皮、细枝末节、蝇头小利跟人争来吵去，囿于自己的小圈子而无法自拔，给人恶劣的印象使人避之犹恐不及，还沾沾自喜。

讲两个典故吧。

其一：

北宋人杨玢官至礼部尚书，老年返回原籍闲居。有一天，杨玢正在读书，他的几个侄子跑进来，气愤地说："不好了，叔叔，我们家的旧宅被邻居侵占了不少，您一定要出面，绝不能饶他！"

杨玢听后，不急不忙地问："不用急，先坐下，慢慢说。你说邻居侵占我们家的旧宅地？"

"是的。"一个侄子回答。

杨玢又问："那是邻居家的宅子大？还是我们家的宅子大？"侄子不

知其意，说："当然是我们家的宅子大。"

杨玢又问："邻居占了些旧宅地，于我们有何影响？"一个侄子回答道："要说影响，也没什么，但他们不讲理，就不应该放过他们！"

"呵呵！"杨玢轻笑一声。笑罢他转过身去，指着窗外的落叶，问侄子们："树叶长在树上时，那枝条是属于它的，到了秋天，树叶枯黄，落在地上，这时树叶会怎么想？"侄子们想不通其中的道理。杨玢只好解释给他们听："我这么大岁数了，迟早是要死的；你们也有老的一天，也有要死的一天，争那么点儿宅地对你们有什么用？"

侄子们明白了杨玢的道理，但心有不甘："我们原本要告他的，状子都写好了。"说完，一个侄子从怀中掏出状子，拿给杨玢看，杨玢接在手中，转身拿起桌上的毛笔，在上面题了一首诗：

> 四邻侵我我从伊，毕竟须思未有时。
>
> 试上含光殿基望，秋风秋草正离离。

写罢，杨玢再次对侄子们说："我的意思是做人要在私利上看透一些，遇事要学会退一步，不要斤斤计较，要把心思多用在正事上。"

侄子们这才作罢。

其二：

张英是清朝康熙年间的宰相，祖籍安徽桐城。有一年，张家因为盖房与邻居闹起了纠纷，两家都认为对方占了自己一墙之地，互不相让，张英的母亲便写了一封家书，让儿子出面干涉，教教邻居怎么做人！但张英看完信后却回信道：

> 千里来书为一墙，让人三尺又何妨？
>
> 万里长城今犹在，不见当年秦始皇。

张母本也是知书达礼之人，看完信后立即省悟，主动让出三尺空地。邻居原本也是靠一口气撑着，这下深受感动，心平气和，也退回三尺，这样两家之间就形成了六尺的巷道，这就是"六尺巷"的由来。

之所以要讲这两件类似的事，是因为出身农村的我深深地知道，在广大农村地区，最容易引发纠纷的就是宅基地问题。很多家庭往往因为一个"房滴水"的问题打得头破血流、家破人亡。因为在农村人眼中，宅基地根本就不是《宪法》中所写的那样"属于国家和人民"，而是属于他自己，可以传子传孙，留传万世。可惜稍有历史经验的人都知道，越是想留传万世的，越是传不了多久，二世而终的大秦帝国就是最好的例子。当然话说回来，人家秦始皇好歹还能建一个大秦帝国，远非上述田舍翁可比。

事实上，很多人还忽略了这样一个事实，"将军肚上能跑马，宰相肚里能撑船"，杨玢、张英等人能够官居高位，经国治民，取决于他们的才能，更取决于他们气度大、眼光远、懂得让、不屑争。由此可见，我们多一些磅礴大气，少一些小肚鸡肠，克服狭隘，豁达大度，人生的烦恼会少很多，事业的阻碍也会少很多。

5. 人生那么短，你要及早规划自己的未来

想把一件小事做好，并不比做好一件大事少花费时间和精力。所以，欲成大事者，首先应该学会与小事划清界限，不是绝对不做，但能不做的就不做。

《时光规划局》是一部美国科幻片，谈不上大片，但很有创意。该片说的是在未来社会，人类"发展"到了以时间为货币的时代。那时候的人，自然寿命只有25岁，25岁以后，人们便只剩下一天的时间，必须在这24小时流逝之前拼命工作，以换取时间。能换取多少时间，就能生存多长时间，没有衰老一说。反过来说，不管一个人因何缘故突然间没了时间，不论他前一秒多么健康，也会"嘎嘣"而死。所以，那个时代的穷人们做什么事情都很赶，是真正赶时间。同时，那个世界里的所有资源，都得用时间去换，比如喝一杯咖啡要付出"5分钟"，坐一趟公交车要"2小时"，买一辆豪车则需要"59年"——这样的车，当然只有"时间资本家"才买得起，影片中最大的"时间资本家"居然通过各种手段积累起了"100万年"的时间，也就是说，只要他不出意外，他就能活100万年。而在这100万年内，他还可以积累或者说是掠夺更多的时间，无限期地活下去，从而实现永恒……

能够永恒，这绝对是好事。但正如片中的男主人公所说："只要还有人要死，就没有人有资格永恒。"所以，男主人公以一己之力向"时

间资本家"主导的时间世界发起了挑战。由于众所周知的原因，我们知道，男主人公挑战成功，将时间还给了穷人。但穷人有了时间未必就是好事。比如，男主人公因为奇遇，获得了 106 年的时间，他非常重情义，便问他的穷哥们——我们交往多久了？穷哥们说：大概 10 年了。男主人公眼都没眨一下，就把自己的时间送了 10 年给穷哥们！要知道，在穷人的世界，人们可都是论天过的啊！这对穷哥们来说是好事吗？未必。后来的剧情告诉我们，这个穷哥们将 10 年时间中的 9 年用来买酒，把自己给喝死了！

关于《时间规划局》我们姑且讨论到这里，接下来只讨论时间的问题——为什么上帝赐予人类的时间都差不多，都是几十年，有的人成就很大，有的人却默默无闻？

我想主要有以下几个原因。

首先是用时间来做什么的问题。有的人有了时间就打发时间，比如喝酒，对他们来说，什么事情都不重要，喝酒才是大事。当然，有时喝酒确实是大事，赵匡胤杯酒释兵权，多大的事！当然，一个总是醉生梦死的人，是不会成事的。不仅不会成事，还会误事、坏事。有人不喝酒，爱打牌，东南西北中发白，一条二筒三四万，摸来摸去，一天时间很快就过去了。还有人喜欢看电视、玩游戏、逛街，看起来、玩起来、逛起来没完没了……总之，休闲活动占据了很多人人生中的很多时间，而时间一去不复返，最终时光流逝完毕，人生以平庸告终。

苏格拉底说过："当许多人在一条路上徘徊不前时，他们不得不让开一条大路，让那珍惜时间的人赶到他们的前面去。"爱因斯坦也说："世界上、宇宙中，多少难解的谜啊……还是抓紧时间工作吧！"鲁迅的名言，"时间就像海绵里的水一样，只要你愿意挤，总还是有的"，我们同样不陌生。一句话，如果一个人想成大事，首先要学会珍惜时间。

其次是怎么分配时间的问题。这是上一个问题解决之后的问题，是把珍惜来的时间如何进行再分配的问题。哲学家说，人不能同时踏入两条河流。这里为了叙述方便，不妨把河流理解成大事。人难以同时做好两件大事，也难以在做好无数件小事的同时做好一件大事。因为人的时间有限，精力也有限，而任何大事几乎都必须以付出足够多的时间和精力为前提。

必须说明的是，我们这本书所强调的"大事"，并不一定都是惊天动地的事，而只是"把事情做大"的意思，绝无鄙视任何生活中所谓"小事"的意思。把小事做大，小事就是大事。把平凡的事做得不平凡，那是非凡的本事。现实生活中，这样的人不在少数。与之相对，也有不少把大事越干越小最终干砸了的人。

佛经上说："狮子搏象，用全力，狮子搏兔，也用全力。"从理论上说，想把一件小事做好，并不比做好一件大事少花费时间和精力。所以，欲成大事者，首先应该学会与小事划清界限，不是绝对不做，但能不做的就不做。这样，才能把精力集中在更加需要的地方。

我们来看一个案例：

迈克尔·戴尔上大学时就开始了创业，由于他养成了晚睡晚起的习惯，也由于他掌握着公司里唯一的大门钥匙，所以每当他睡过了头，匆匆忙忙地赶到公司附近时，远远地就能看到二三十个员工在公司门口闲晃，等着他开门。

日复一日，戴尔公司很少在早上9点半以前准时开门。后来逐渐有点儿提前，但从来没有早过9点。等公司做出早上8点上班的决定之后，戴尔便明智地把公司大门的钥匙交给了别人来掌管。但是戴尔公司发展迅速，快得惊人，越做越大，应该交出去的钥匙，显然也不只是公司大门这一把。

有一天，戴尔正在办公室忙着解决复杂的系统问题，有个员工走进来，抱怨说："真倒霉，我的硬币被卖可乐的自动售货机'吃'掉了。"

戴尔忙得头都没抬，不解地问："这种事为什么要告诉我？"

员工理直气壮地说："因为售货机的钥匙是由你保管的啊！"

那一刻，戴尔明白了，自动售货机的钥匙也应该立刻交给别人保管了——一切应该交给别人保管的钥匙都应该立刻交给别人保管了。

从戴尔交钥匙的故事，可以联想到那个著名的授权定律："上层授权面应占分内工作的60%～85%，中层授权面应占分内工作的50%～75%，基层授权面应占分内工作的35%～50%。"很显然，授权是分身术，用贤乃成事诀。做领导的一定要懂得放权。只有放下手里的"小篮子"，才能腾出手来掌管"大江山"。

比尔·盖茨则从另一方面为我们阐释了什么叫"大事"、什么叫"小事"。2007年，央视某栏目做了一个比尔·盖茨的专访，该栏目主持人介绍说："他就是一个大男孩，而且到现在为止他还害羞。我在采访他的时候，他基本上避免跟我的目光对视。他有点儿自说自话，他说高兴了，眼睛放光，手舞足蹈，但是他给我的感觉，他并不是在对我说。"而这一年，盖茨已经是知天命之年——50岁了。要说盖茨是个大男孩，很多人不敢相信。但事实就是这样。因为他几乎把所有的精力都放在了专业研究上，至于人情世故几乎从未想过。同理，当一个人把大部分精力花在人情世故上时，他也就很难集中精力做一些真正的具体的事务了。

还有些人喜欢为小事而烦恼，这是最要不得的。戴尔·卡耐基说过："人生太过短暂，不能让那些小事来浪费我们的生命。"同时，他在《人性的弱点》一书中引述美国一位仲裁过 4 万件刑事案件的法官的话说："我们处理的刑事案件里，有一半以上都起因于一些很小的事情：在酒吧里逞英雄，为一些小事情争争吵吵，讲话侮辱别人，措辞不当，行为粗鲁——就是这些小事情，结果引起伤害和谋杀。很少有人真正天性残忍，一些犯了大错的人，都是因自尊心受到小小的损害，那些小小的因素，竟然造成了世界上半数的伤心事。"怎能不引以为鉴呢？

尽管去做，别辜负成功的另一种可能

6. 你的视野，决定着你的人生高度

有人说，人的生命是一个长方体，它有长度、宽度和高度。长度决定着一个人的年龄，宽度意味着一个人的视野，高度标志着一个人的境界。

让我们以电影为切入点看一下以下事件。

1941 年年初，某个深夜，美国洛杉矶一间宽敞的摄影棚里，一群人正在忙着拍摄一部黑白影片。"停！""停！""停！"伴随着年轻的导演一遍遍大喊，电影每拍几分钟就停顿一会儿。"停！"导演又一次喊停，接着，他又连续喊了十几次停，把演员和摄影师折腾得满头大汗，但他始终不满意。

"我要的是大仰角！大仰角！"又一次喊停后，年轻的导演几乎是怒吼着对摄影师说。此时，40 多岁的摄影师还扛着摄像机趴在地上，他实在无法忍受这个初出茅庐的小伙子了。他放下摄像机，站起来反问："我都趴在地上了，低到极限了，你难道看不见吗？你还要什么样的大仰角？"

周围的人们都停下了手中的工作，不少人怀着幸灾乐祸的心情看着二人。年轻的导演盯着摄影师，非常镇定，但一句话不说。突然，他转身走到道具旁，捡起一把斧子，朝摄影师快步走去！

他要干什么？人们不由得担心起摄影师来。在一些人的惊呼声中，

只见年轻的导演抢起斧子，朝着摄影师刚才趴过的木地板大力砍去，一下、两下、三下……木地板被他砸了个窟窿。然后，导演微笑着让摄影师站到窟窿里，对他说："这就是我要的角度。"摄影师立即领会，他蹲在窟窿里，压低镜头，拍出了一个电影史上前所未有的大仰角……

当年，这位年轻的导演凭借这部电影声名鹊起，他叫奥逊·威尔斯，那部佳片叫《公民凯恩》，又名《大国民》。至今，这部电影还因广泛运用大仰角、大景深、阴影逆光等创新技术及新颖的叙事手法，被誉为美国史上最伟大的电影，没有之一，且是美国电影学院必备的教学影片。

拍电影是这样，人生也应如此。想赢得美好人生、创造精彩人生，你首先得看过或者了解什么叫作美好，什么又叫作精彩。不然，一个人可能明明活得很不如意，却要么认为生活就是如此，要么认为自己活得已经不错。

大视野非常重要。在古代，中国的知识分子都讲究游历，游山、游水、游学，同时游些人际关系。李白与杜甫都是这方面的典范，他们的伟大诗歌都植根于他们广泛、漫长的游历生涯。这并不是个别现象。古诗《游子吟》也从侧面告诉我们，这几乎是当时的青年知识分子最终走向官场的必由之路。今天，我们也经常把一些留学生叫作"海外游子"，很多人把孩子送到国外去读书，其实读书仅是一方面，到国外开阔视野、增长见识，也是目的之一。

讲一个生活中的小笑话吧：有次回老家，我去一个老乡家吃饭，闲聊时我无意中提到了中关村。这位老乡态度很不屑：中关村？不也是一个村吗？有什么新鲜的！我觉得放在全国，咱们村也是个大村！我们村确实很大，有一万多人，但这位老乡的眼界实在太小了些。

是不是不游历就不能开阔视野呢？不是。读书是个不错的替代办法，对经济条件较差的人来说尤其如此。所谓"秀才不出门，便知天下事"，太阳底下无新鲜事，新鲜事也多半不会因为读书而错过。俞敏洪先生曾经对此有过一番精辟且幽默的阐释："读书多，就意味着眼界更加开阔，更会思考问题，更具创新精神。新东方有一句话叫'底蕴的厚度决定事业的高度'。'底蕴的厚度'主要来自两方面，首先就是多读书，读了大量的书，知识结构自然就会完整，就会产生智慧；其次是人生经历。把人生经历的智慧和读书的智慧结合起来，就会变成真正的大智慧，就会变成一个人创造事业的无穷动力。基于此，新东方招聘高级人才时都是我面试。我的首要问题就是'你大学读了多少本书'？如果你回答只读了几十本，那我肯定不会要你。我心中的最低标准是200本，我自己在大学期间读了800本。而我的班长王强，在大学里读了1200本，平均每天一本。有人会问，读完书忘了跟没读过有什么区别吗？其实完全不一样。就好比谈恋爱，一个谈过恋爱后又变成光棍汉的人，和一个光棍汉相比是有自信的。因为当他看到别人谈恋爱的时候，他会在旁边'嘿嘿，想当初老子也是谈过恋爱的！'"

比尔·盖茨也说过："是我家乡的公立图书馆成就了我，如果不能成为优秀的阅读家，就无法拥有真正的知识。我直到现在依然每天至少要阅读一个小时，周末则会阅读三至四个小时。这样的阅读，让我的眼光更加开阔。"

开阔视野，读书只是一个渠道，重要的是要学会看待周围的世界和这个世界上的人，包括我们自己。要对社会有深入的认识，要对人性有相应的把握能力。把这两点与自己的鸿鹄之志结合起来，人就不难扩大自己的边界，获得更多人的助力。我们前面已经说过无数次的刘备就是如此。论财力，他明显不如张飞；论武艺，他又不如关羽。但他为什么能做三兄弟中的老大呢？不单单是因为他年龄大，比他年龄大的人多了，关、张怎么不认他们做大哥呢？主要是刘备心怀大志，且对社会发展有深刻、独到的认识，用《三国演义》中的话说就是："目下正值乱世，乱世则必出英雄，像你二位这样的英雄，正值用武之时，何必非要屈身受制于他人？岂不闻时势造英雄，英雄亦适时耶。现今黄巾造反，天下响应，朝廷诏令各州郡自募乡勇守备，是因力不能及，兵匮将乏，且有宦党掣肘之故，然而如此一来，必将造成地方豪强割据之势，黄巾平定之日，必是群雄崛起之时。那时阃中竟为谁人之天下，还尚未可尽知也……"这种大见识是关、张所不具备但能够领会的，刘备刚说完，关羽就抱拳说："听君一席话，胜读十年书啊！佩服！佩服！"张飞说得更痛快："俺是个杀猪的，不知什么天下大势，你说吧，让俺怎么干？"

所以说，要成大事业首先要有大胸怀，而大胸怀离不开大视野。我们经常会看到这样的情况：某个人，在一个小地方他能够如鱼得水，但到了大地方，却像个傻瓜一样。无他，只因他没有见识过。百度创始人李彦宏的早年经历颇有启发意义。他在一次演讲中说，他在上了北大之后，除了努力学习专业知识外，还听了各种各样的讲座：气功、哲学、电影……作为当时唯一的理科生，他参加了学校的"五四辩论赛"。后来又参加了合唱团，国庆时还到天安门广场去跳集体舞……这样，他得以接触到各种各样的人，每个人都有他们自己的思路，每个人都不一样，每个人都很精彩……

有人说，人的生命是一个长方体，它有长度、宽度和高度。长度决定着一个人的年龄，宽度意味着一个人的视野，高度标志着一个人的境界。年龄对每个人来说，都是一种自然规律，谁都无法抵御生老病死。

我们不能改变生命的长度，但是我们能改变它的宽度。一个人的视野越宽，不仅能看到现在的事物的表象及隐藏在背后的规律，而且可以看到过去的及未来的事物的表象与规律。视野较宽的人，一般来说心也比较宽，遇事看得远、不纠结，这就为人生的高度即境界提供了可能。这样的人，本身就是一种成功。

第三章
彪悍的人生不需要解释

尽 管 去 做 ， 别 辜 负 成 功 的 另 一 种 可 能

彪悍的人生不需要解释。我们要实现自己的梦想，必须要让自己变得强大起来，必须要经历重重考验，让自己在寂寞中磨炼，逐渐变成执行能力强的、不畏困难并最终能战胜困难的人。

1. 你把双手握成双拳，就能把命运握在掌中

著名作家毕淑敏说："我从不相信手掌上的纹路，我只相信手掌加上手指的力量。"没错，人可以无信仰，但他起码得相信自己，相信自己那双手。

明朝时，有个叫袁黄的人，由于幼年丧父，母亲便为他做主，让他弃文从医，养生保命，治病救人，两不耽误。某日，袁黄遇到一个仙风道骨的老者，老者告诉他，自己是个相士，看袁黄的面相，将来是做官的命，不应该弃文从医。袁黄本心可能也不想弃文，便回家告诉母亲。其母将老者请回家中，让他好好给儿子算上一卦。老者掐来算去，最后将袁黄的一生遭际都和盘托出：童生时，县考第 14 名；府考，第 71 名；提学，考第 9 名；某年当廪生；某年当贡生；某年当选四川一大官；在任 3 年半，告老还乡。老者甚至连袁黄向阎王爷报到的日子都算出来了：终年 53 岁，无子。后来的事实证明，这位老者真不是盖的，袁黄一直到做贡生时的命运，皆与老者所说分毫不差。于是袁黄此后再也不看书了，而是效仿徐霞客，遍游名山大川，因为他觉得，既然一切都是命中注定，自己又何必再受那份累呢？何况自己的命还算不错，还有什么不知足的？有一天，袁黄游历至栖霞山，在山上遇到一位禅师，二人一起打坐了三天，禅师深自佩服他的定力，便问他年纪轻轻为什么能做到？袁黄便把自己算命应命的事告知对方，谁知对方听完后很不以

为然，还说："我原以为你是个高士，原来也是个俗汉！命由我作，福自己求，人生是自己创作的，不信你从现在开始努力，看十年后，他还算得准不准？"袁黄深以为然，重拾学业，并给自己起了个别号叫"了凡"，结果一年之后，他参加礼部科举考试，老者原先算他本应考第三名，他却考了个第一！这下袁了凡更加坚信禅师所说，愈加用功，不仅官职比老者预言得高得多，还成了当世著名的学者、大思想家，而且生了儿子，并活到了 74 岁高龄。69 岁那年，袁了凡结合自己的人生经历，以自己的儿子、熟悉的亲人、亲戚及乡亲等作为案例，写作了一本自传体家训，也就是被人们视为传世奇书的《了凡四训》。

以今天的眼光视之，《了凡四训》不乏糟粕，但总的来说，还算瑕不掩瑜，尤其是其中的"立命之学"，袁了凡以其毕生的学问与修养，融儒、释、道三家思想，用自己的亲身经历，结合大量真实生动的事例，告诫世人不要被"命"字束缚手脚，要自强不息，改造命运，即使是在今天，也是绝对的正能量。也正因此，该书被誉为"东方第一励志奇书"，数百年来，备受推崇。

据悉，最早使用"命运"这个词的人便是袁了凡。不过类似的概念，中国古代早已有之，也不乏比袁了凡更能激励人的真人真事，只是因为袁了凡有了那段传奇般的算卦应卦经历，表面上看起来更具备说服力而已。

著名武侠小说作家温瑞安曾在《惊艳一枪》中说过："一个人开始关心自己的命运的时候，通常都是失却信心的时候。"老百姓也常说："富看风水穷算命。"算命是失意者的下意识动作，是对生活缺乏信心、对未来丧失希望的悲观心理的直接表现。墨子的"非命"观就是专门针对这种现象而言的。墨子在书中举例说明："著名的暴君，夏桀、商纣、周幽，他们贵为天子，富有天下，放纵欲望，除了游猎就是饮酒作乐，不顾政事，且残暴地对待百姓，结果失去了国家。失败之后的他们谁也不说'是我不好好治国，结果失去了天下'，而是说'我命里本来就要失去天下'。很多愚昧的百姓也是这样，他们不好好做人，不好好做事，贪于饮食，懒于劳作，久而久之，生存都成了问题。但他们从来不说是因为自己好吃懒做才会导致这样的结果，而是说自己命里就很失败。"

著名作家毕淑敏也说过："我从不相信手掌上的纹路，我只相信手掌加上手指的力量。"没错，人可以无信仰，但他起码得相信自己，相信自己那双手。我们的老祖宗把它们解放出来，可不是光让我们用来双手合十的。

有个颇有哲理的小笑话：一个人去算命，算命先生对他说："你会穷到 40 岁。"这个人先是不爽，继而很高兴地问："那 40 岁以后呢？"算命先生说："40 岁以后，你就习惯了。"所以，别算命，更别信命。所谓成功者，就是一群眼中没有神、心中不信命的人。唯有如此，他们才能改变自身命运，成为别人眼中的神。

日本战国时代的丰臣秀吉，年轻时仅仅是个小兵，他曾经在一个手相摊算过命。算命的见他矮小瘦弱、尖嘴猴腮，估计给不了几个钱，就没好气地说丰臣秀臣掌中的"生命线"太短，活不到壮年，是个短命鬼。丰臣秀吉听罢抽出腰刀，把自己的"生命线"用刀"延伸"到了手腕，然后问看相的人长度够不够，如果不够他就接着往下划……看相的人早已吓得面如土色，连说"够了，够了……"后来丰臣秀吉统一了日本，掌握了最高实权，且活到了 61 岁。如果不是发动朝鲜战争惨败，他恐怕还会活得更长。

无独有偶，蒋震——也就是香港黑帮片中经常出现的大佬"蒋先

尽管去做，别辜负成功的另一种可能

生"的父亲，年轻时也曾有过类似经历。当时，蒋震好不容易与友人谭雄创办了一个小工厂，但由于资金有限，生产技术落后，因此前景黯淡。不久，谭雄又心灰意冷，退出了自己的股份。单枪匹马的蒋震遂下马问前程，跑去旺角一家著名的命相馆算命，馆主看他蓬头垢面、满面愁容，还有一手油污，看了半天对他说："你的命相与富贵无缘。你应该踏实下来找份工作，做个打工仔——你不适合创业。"没想到，这反倒激发了蒋震的斗志，最终，他凭着超乎常人的信心和毅力，扭转了逆境，成了一位不折不扣的"造命人"。

类似于丰田秀吉抽刀延长生命线之类的变态行为，我们不能效仿，我们应该学的，仅仅是他们的内在精神。假使真的有所谓"命运"，它也是可以改造的，因为所谓命运，也就是"生命线""事业线""财运线"等这些东西，它们一直都在我们掌中。如果命不太好，不要去看什么手相，只需把双手攥成双拳，就能把命运握在手中。我们不差在命运线，而是差在精神的深度、心灵的纯度和智慧的亮度。

2. 认命特别容易，别在该坚持时选择了后退

人生本就是个披荆斩棘寻求幸福的过程，幸福，不应该因为艰难就不去追求。人们常说，要改变命运，要打个翻身仗，其实改变命运不是变魔术，更多的时候，命运的改变来自长久的能量的积累，只有量变，才能引起质变。

从前有座山，山上有座庙，庙里有个老禅师，收了个徒弟，修行多年，却没什么长进。久而久之，徒弟觉得自己不是修行的料，便想下山重回尘世。

徒弟便去向师父辞行，他说："我天资愚钝，脑袋像顽石一样，不是参禅悟道的料，我辜负了师父的教导，只好下山还俗去了。"

老禅师料他只是因没有进步而灰心，而不是铁定要还俗，便指着寺中一尊石雕的佛像问他："你面前的是谁？"

"是神圣的佛祖。"

"它是用什么做成的？"

"是用石头做成的。"

老禅师说："连石头都能做成神圣的佛像，这可是天下的奇迹啊！"

徒弟一听，恍然大悟，立即打消了还俗的念头，进一步发奋学习，体悟禅道，终成一代禅师。

要理解这个故事，我们有必要详细地解答一下什么叫"命运"。命

尽管去做，别辜负成功的另一种可能

运，笼统地来说，泛指人生的际遇，有时候也指趋势，如我们常说的"关心国家命运"等。说细致点，命是命，运是运，即"命运"是个合成词。比如我们经常提到的一句话，也就是儒家的"生死有命，富贵在天"，它就只说"命"，而没有说"运"。这有差别吗？当然有。古语有云：命由天定，运由己生。意思是讲，"命"是与生俱来的，泛指一个人的先天条件，比如一个人生在什么时代、生在什么样的家庭、遇上什么样的父母，等等这些，都是个人无法决定的，只能接受"命"的安排。除此之外的其他因素，则可以概括为"运"，比如一个人选择什么样的方向、走什么样的路、付出何种程度的努力，等等。其中，努力是最重要的一点，所以人们又说：三分天注定，七分靠打拼。

总体来说，"命"是不可改变的，而"运"则是可以改造的。在命运的洪流中，人并非不可作为。当然，正如歌中所唱的："幸福没有那么容易，才会特别让人着迷。"人们之所以总是感叹命运，就在于命运不是那么好改造的。不过话又说回来，因为难，就认命吗？尤其是年轻人，绝不能轻易认命，一定要趁着自己还能改变命运，尽量主宰、扭转自己的命运。

我们不能忽略现实生活中无数心怀理想却难以突破现实的"悲催"案例，但我们同样不能忽略社会上确实有一些人，凭着一腔热血、满怀激情和不达目的不罢休的劲头，最终彻底改变了命运，成为命运的弄潮儿。是他们更幸运一些吗？或许。但当他们翻越命运的分水岭之前，命运也没少给他们打击与嘲讽。他们能够最终坚持到幸运来临那一刻，在于他们懂得，趁自己还能改变命运的时候就应该尽量去改变命运，而不是稍遇挫折就一再质疑。

命运是可以改变的，是可以通过努力改变的，但绝不是通过一朝一夕的努力就能改变的。应该说，大多数人的人生，都是想尽一切办法改变命运的一生。大多数人也都曾为自己的梦想付出过相应的努力，然而终因这样那样的现实原因无奈地认了命。然而，人生本就是个披荆斩棘寻求幸福的过程，幸福，不应该因为艰难就不去追求。人们常说，要改变命运，要打个翻身仗，其实改变命运不是变魔术，更多的时候，命运的改变来自长久的能量的积累，只有量变，才能引起质变。这一过程，漫长且艰难，很多人之所以选择放弃、选择认命，就在于他们虽然也知道，冬天来了，春天必不会远，但期盼中的春天却迟迟不来，由不得他们不怀疑这就是自己的命运。殊不知命运就是一个人的人生轨迹，而改变命运轨迹的唯一办法，就是不断地走下去。越是艰难的时候，越是需要信心的时候。信心是命运的主宰。你的信心能走多远，你的命运就能走多远。后退还不容易？认命还不容易？当你选择后退的时候，你的命运也便就此定格了。

曾经有人问华人首富李嘉诚先生：您成功的秘诀是什么？李嘉诚对他讲道：有一年，日本推销业举办了一届"推销业秘诀分享大会"，会上有记者问日本"推销之神"原一平推销的秘诀是什么，原一平当场脱掉鞋袜，把提问的记者请上台说："请您摸摸我的脚板。"记者照做后，十分惊讶地说："您脚板上的老茧好厚呀！"原一平说："因为我走的路比别人多，跑得比别人勤。"讲完故事，李嘉诚微笑着说："我没有资格让你来摸我的脚板，但我可以告诉你，我脚底的老茧也很厚。"

还有一次，李嘉诚在香港电台电视部拍摄《杰出华人系列——李嘉诚》时，该电台记者这样问他："李先生，你今天的成功，与运气有多大关系？"李嘉诚当时很谦虚地说那是"时势造英雄"。但是事隔17年后，当李嘉诚再次被香港电台采访之际，李嘉诚给出了另一个答案：

尽管去做，别辜负成功的另一种可能

"那时我说得谦虚，今天我再坦白一点说，我在创业初期，几乎百分之百不靠运气，而是靠工作、靠辛苦、靠努力挣钱。你必须对你的工作、事业有兴趣，必须全身心地投入进去。"1986年，李嘉诚又曾经就"成功与幸运"的话题发表过类似的看法："对于成功，一般中国人都会自谦那是幸运，绝少有人说那是由勤劳和有计划的工作得来。我觉得成功有三个阶段：第一个阶段完全靠勤劳工作、不断奋斗而得到成果；第二个阶段，虽然有少许幸运存在，但也不会很多；第三个阶段，当然也靠运气，但如果没有个人条件，运气来了也会跑掉。"

你现在处于成功的哪一个阶段呢？成大事者不能纠结，尤其是不能纠结于命运。趁我们还能改变命运，让我们一道奋力改写人生吧！

3. 走彪悍的路，让别人说去吧

遇到挫折时，想想你的梦想。遭到质疑时，坚持你的信仰。人必须有一种信仰——不要以为死板的宗教教条才是信仰——信仰首先是信你自己，然后是一如既往地信你自己选定的那个目标。

前段时间，网上忽然炒起一个有关"如何不吹牛地形容北京有多大"的话题，于是有人说："都在北京工作但不住在一起的男女朋友叫异地恋，这大不大？"也有人说："某年送朋友从北京南站去天津，他们进站后，我坐地铁回北五环的家，后来他们到了天津，我还没到家……"还有人说："某外地青年带媳妇到北京旅游，媳妇要求逛街，青年表示可以，但只能逛一条。一条街能逛多久？他是这么想的。遗憾的是，他们逛的那条街叫长安街。"这些段子，写得都很有水平，但我只佩服一个网友的话，他说："北京是个你跟别人谈梦想，但没人说你装的地方！这够不够大？"

10年前，我曾经的老板——谢某某曾经毫不掩饰地在一次例会上说："北京是有本事的人来的地方，没本事，千万别来，来了就受伤。"过了几年，我在网上看到一个新闻，说南方某小城市的某小伙子来京发展，当月就卷了铺盖，临走前撂下一句评语："北京太冷——我指人！"北京究竟怎样？

如人饮水，冷暖自知；仁者见仁，智者见智。我自认为是个彪悍的人，所以认为北京是个彪悍的城市，是个能让彪悍的人痛并快乐着，也能让不够强大的人很受伤的地方。它聚拢了各种资源，吸引了各种人员，提供着各种平台，也以各种方式考验着他们、成就着他们、淘汰着他们。

北京，不仅仅是一座城市，它还是一种环境。任何环境，都讲究适者生存。现在，整个大环境总体来说都很剽悍，并不限于北京。北京的剽悍，只要足够强悍，基本上足可应付。相反，在一些小城市，由于资源有限、机会有限，竞争可能会更加无序，远非"强悍"两个字可以解决问题。

"剽悍的人生不需要解释"，但这句话本身有必要解释一下。这句话最初出自罗永浩之口。这是个传奇般的人物，高中辍学后，他曾经摆过地摊、开过羊肉串店、倒卖过药材、做过期货、卖过电脑配件、从事过文学创作，也曾两度当选中国年度十大风云人物。2001 年至 2006 年，他在北京新东方学校任教，其教学风格幽默诙谐，且极具感染力，所以极受学生欢迎，他的一些经典话语于 2003 年左右流传到了网上，旋即被冠以"老罗语录"之名，风靡大江南北，"彪悍的人生不需要解释"就是其一。2012 年 4 月，罗永浩在其微博高调宣布要进入手机领域，引发社会广泛关注，网友对其"锤子手机"骂声一片，还有一位同行即时写了一篇广为传诵的博文——《乔布斯重新定义的手机，罗永浩重新定义了 SB》！一笑之余，我们其实应该认识到，至少在精神上，罗永浩与乔布斯是同一类人。尤其值得佩服的是，剽悍的老罗正像他所说过的那样，对此未作任何解释！

正如一位名叫"魏未未"的网友所说，罗永浩之所以被骂，在于很多人认为他是个自吹自擂的跳梁小丑。但我们不得不承认，他还是一个拥有极强的行动力、演讲能力、煽动力、创造力、个人魅力及社会责任感的胖子。无独有偶，与这位网友仅一字之差的罗永浩的好友、著名诗人艾青之子、艺术家艾未未也曾对《中国企业家》的记者说过，"他是普通人里面完全凭借自己的能力和智慧走向成功的范例，这对年轻人是一个鼓励。老罗完全是个从'垃圾坑'里爬出来的人。他出生在吉林延边一个小县城里，他的人生是一部典型的小镇青年励志片。他浑身泛着叛逆气息、以斗士的姿态嘲弄与迎战不公正的社会秩序，并且成功。他让正在从'垃圾堆'往外爬的年轻人们觉得自己前途有望。而那些已经被生活击碎了雄心、甘于埋没在'垃圾堆'终此一生的平凡青年，对这个替自己圆了梦的人更有复杂的感情。"

往深层次里说，罗永浩被骂，或许是在劫难逃。

我们都听过这样一个故事。

父子二人骑驴去赶集。一开始，父亲怕儿子累着，就让儿子骑驴，自己走路，路人见了纷纷议论："这儿子真是不孝，自己骑驴，让老爸走路。"父子俩赶紧对调了一下，路人还是议论纷纷，说这当老人的真不像话，自己骑驴，让小孩子走路。算你狠！父子俩一商量，说那我们都骑驴吧，看他们还说什么。没想到路人还是有话说——说他们虐待动物——一头小毛驴，两个人骑，还不得把驴子压死？真是没人性。父子俩只好跳下驴子，一起步行，结果还是有人说：这两人有驴不骑，自己走路，真是傻×，鉴定完毕！

罗永浩就像故事中那对可怜的父子，除非他寂寂无名，不出现在公众的视野中，不然他怎么说、怎么做都少不了非议，更何况他还彪悍得不屑解释。而同样的问题，就不会发生在乔布斯身上。中国人的劣根性之一，就是宁可荒着自己的田，也要说别人的闲话。而美国人的特色之

尽管去做，别辜负成功的另一种可能

一，就是讲究个性、欣赏独特。美国或许也有个把爱说闲话的人。只不过，美国人对闲话的抵抗力普遍很高。他们懂得，嘴长在别人身上，说什么是人家的自由，但驴子是自己的，想怎么骑就怎么骑！

走自己的路，让别人说去吧！——这是但丁的名言。一个人首先要为自己活着，要知道自己想要的是什么。只有那些随波逐流的人才会人云亦云，只有那些不自信的人才会动辄因为别人的几句闲话改变自己的即定方向。美国哈佛大学校长洛厄尔先生也曾经激励过自己即将毕业的学生们：遇到挫折时，想想你的梦想。遭到质疑时，坚持你的信仰。人必须有一种信仰——不要以为死板的宗教教条才是信仰——信仰首先是信你自己，然后是一如既往地信你自己选定的那个目标。

彪悍的人生不需要解释，彪悍的事业注定孤独。对一般人来说，孤独并不是好事，而对真正做事的人来说，却也必不可少。爱因斯坦就说："千万要记住，所有那些品质高尚的人都是孤独的。他们也必须如此——只有如此，他们才能享受到自身环境中的一尘不染的纯洁。"

4. 你耐得住寂寞，才真正有追求梦想的资格

成功是一种修行，寂寞是一种考验。耐不住寂寞的人，不是随波逐流，就是自甘堕落。耐得住寂寞，经得住诱惑，去除心灵的纷扰，跨越物质的羁绊，才能真正地潜下心去。

相信很多人都听过这样一句话："姐上的不是网，是寂寞。"自从这句话诞生之日起，它就在我们身边四处蔓延、一发而不可收拾了，比如"哥排的不是队，是寂寞；哥打得不是饭，是寂寞；哥种的不是菜，是寂寞"……诸多此类的话着实让我们的生活充满了乐趣。但在这种乐趣背后，则是一个寂寞流行的时代，曾几何时，"寂寞"成了网络上流行的高频用词，每天都会有成千上万的人在寂寞中迷茫、痛苦，有人因为没有方向而在网上无所事事，有人因耐不住寂寞而误入歧途，有人因为失意而悲观，有人甚至对人生失去了信心、对未来失去了希望……其实寂寞不是踯躅街头的惆怅，也不是徘徊巷尾的颓废，更不是借酒消愁的沉沦；寂寞不是百无聊赖、无所事事的散漫和停滞，更不是真正的孤独或寂灭，而是一种不凑热闹、不赶时髦、不追风潮的生活境况和生存方式。或曰，与寂寞死磕。著名作家路遥曾经说过："生活中真正的勇士向来是默默无闻的，喧哗不止的永远是自视清高的一群。"他的一件传说中的小事则可以视作这句话的最好注脚：路遥获"茅盾文学奖"后，某杂志去采访他，让他说说自己创作时的心情。他说——我每天写完之

后，都想把我手中这支笔摔在地上，然后再踏上一只脚，碾碎，碾成粉末！不写作的人，是不会理解那种寂寞的，想象不到文人们是多么痛恨自己手中的笔的！

成功要耐得住寂寞、抵挡住诱惑。拿破仑说，天下绝对没有不渴望成功而成功的人。但成功不等于朝思暮想。成功不需要渴望。只要功夫深，铁杵磨成针。功夫到了，成功自然也就来了。

"清华四大导师"之一的王国维先生，曾在《人间词话》中这样阐述他的"人生三境界"理论。

古今成大事业、大学问者，必经三重境界：

第一重境界："昨夜西风凋碧树。独上高楼，望尽天涯路。"这句词出自晏殊的《蝶恋花》，大意是说，"我"独自一人登上高楼眺望远处的萧杀秋景，西风黄叶，山阔水长，前途渺渺，希望何在？王国维则将此句解释成："做学问、成大事业者，首先要有执着的追求，登高望远，瞰察路径，明确目标与方向，了解事物的概貌。"

第二重境界："衣带渐宽终不悔，为伊消得人憔悴。"这句出自北宋柳永的《蝶恋花》，原意表达作者对爱的艰辛和爱的无悔。若把"伊"字理解为词人所追求的理想和毕生从事的事业，亦无不可。王国维则别有用心，以此两句来比喻成大事业、大学问者，不是轻而易举，随便可得的，必需坚定不移，经过一番辛勤努力，废寝忘食，孜孜以求，直至人瘦带宽也不后悔。

第三重境界："众里寻他千百度，蓦然回首，那人却在，灯火阑珊处。"这句出自南宋辛弃疾的《青玉案》。王国维认为，此即为人生最终、最高境界。这虽不是辛弃疾的原意，但也可以引出悠悠的远意，做学问、成大事业者，要达到第三重境界，必须有执着、专注的精神，反复追寻、研究，下足功夫，方能豁然贯通，有所发现。

与之相比，著名历史学家范文澜的名言就容易理解多了。范先生说："坐得冷板凳，吃得冷猪肉。"这是何意呢？这话还得从古时候说起。在古代，那些道德高深、精通学问又为国家人民做出了巨大贡献的人，去世后，其灵牌可以放在文庙中，享受特殊待遇——与孔圣人一起分享后人供奉的冷猪肉。但你若没有把冷板凳坐热的精神，年复一年、日复一日地刻苦钻研，是不可能出人头地、取得成功的，当然也就不可能享受祭孔的"冷猪肉"。"冷板凳"和"冷猪肉"一向相辅相成，并且只有先吃苦，日后才能享受成功的喜悦。包括范先生在内的所有大师，之所以名扬中外、名垂青史，也正是因为他们坐了数年甚至长达数十年的"冷板凳"。

最后来看一个非洲的故事：

在一个偏远的部落，一位老酋长自知命不长久，便命人找来部落中最优秀的三个年轻人，吩咐他们说："我不久就要离开你们了，你们要为我做最后一件事。你们三个都是身强体壮、智慧过人的好孩子，现在请你们尽展所能，去攀登那座神圣的大山。你们要尽可能地爬到最高处，然后回来告诉我你们的见闻。"

三天后，第一个年轻人就回来了，他笑着告诉酋长："我到达了大山的最高处，我看到繁花夹道，流泉淙淙，鸟鸣嘤嘤，小兽奔跑，那地方真美！"

老酋长笑笑说："孩子，那条路我当年也走过，但那不是山顶，而是山麓。你回去吧！"

一周以后，第二个年轻人也回来了，他神情疲倦，满脸风霜："酋长，我到达山顶了。我看到高大的松树林，我看到秃鹰在头顶盘旋，那真是个好地方。"

"可惜啊！孩子，你说的那地方当年我也走过。那不是山顶，而是山腰。你回去吧！"

一个月过去了，第三位年轻人才赶回来。他衣不蔽体、发枯唇焦："首长，我费尽千辛万苦，终于到达了山顶。但那里什么都没有，连一只蝴蝶都没有。那里只有高风悲旋，蓝天四垂。我能看到的，只有我自己，我能想到的，只有自己被置于天地之间的渺小感……"

"孩子，你到达的是真的山顶。"年轻人还未说完，老首长便打断了他，"按照我们的传统，你将是新任首长，祝福你。"

如果把成功比喻为一座高山，那么真正的山顶其实什么都没有，真正的成功并不像那些不谙成功之道的人所想象的那样：鲜衣怒马、意气风发、挥金如土、挥斥方遒。那是成功之后的事情。成功到来之前，必然是遍体的伤痕和孤单的旅程。成功是一种修行，寂寞是一种考验。耐不住寂寞的人，不是随波逐流，就是自甘堕落。耐得住寂寞，经得住诱惑，去除心灵的纷扰，跨越物质的羁绊，才能真正地潜下心去。当然，耐得住寂寞者不一定都能成功，但所有的成功者都少不了在寂寞中奋斗的过程。

5. 你的时间有限，不要为别人而活

乔布斯说："你的时间有限，所以不要为别人而活，不要活在别人的观念里，不要让别人的意见左右自己内心的声音。最重要的，是拥有跟随内心与直觉的勇气，你的内心与直觉多少已经知道你真正想要成为什么样的人。任何其他事物都是次要的。"

网上有个笑话：

5岁的时候，家长对孩子说："我给你报了少年宫。"

7岁时，家长："孩子，我给你报了奥数班。"

15岁时，家长："孩子，我给你报了市重点中学。"

18岁时，家长："孩子，我给你报了最热门的专业。"

23岁时，家长："孩子，我给你报了公务员考试。"

32岁时，家长："孩子，我给你报了《非诚勿扰》。"

这是个笑话，也是一些人的真实写照。可怜天下父母心，很多人由于拥有太称职的父母，从小就被保护得风雨不透，设计、加持得高大上全，唯独不考虑孩子本人想做些什么。平心而论，有这样的父母，未尝不是一种幸福，也并非所有父母设计的路都走不通，但这条路往往扼杀了天才。同时，人也必须保持某种独立性，丧失了这种基本能力，人几乎无路可走。

当然，一个人想要改变，总还来得及。真正意义上的顽固且绝对强

势的父母毕竟是少数，关键看我们怎么说服他们、证明自己。

我们来看以下几个例子。

有着"现代科幻小说之父"之称的法国作家儒勒·凡尔纳，中学毕业后，为了取悦父母，他报考了法律专业，以便将来做个体面的法官或律师。但他内心知道，自己真正喜欢的是文学。于是，在经过很短时间的纠结后，他便下定决心，用实际行动向父母宣称自己要追随自己的心。他写了一本小说，叫《气球上的星期五》，但一连投了 16 家出版社都遭到了退稿。他想过把手稿投到火炉里，但最终没舍得，结果当稿子投到第 17 家出版社后，他的好运来了。此后，他连续写出了《海底两万里》《神秘岛》《80 天环游地球》等科幻小说，不仅影响了一大批读者和作家，开创了一个流派，也间接影响了科学界。

意大利物理学家伽利略因为家贫，上到 18 岁时，父亲就不想让他继续念书了。为此，他和父亲沟通说："爸爸，我想问您一件事，是什么促成了你和我母亲的婚姻？"

"很简单，我看上了她。"父亲回答。"那你想过娶别的女人吗？""没有。家里让我娶一位富有家庭的小姐，但我对你妈妈一往情深。我追求她就像梦游，你妈妈当年美艳动人。"

"你没有娶别的女人，是因为你爱上了我母亲，或者像你说的——你看上了她。那你知道吗，我现在正面临着同样的处境。除了科学之外，我不可能选择别的职业。因为我喜欢的正是科学，而不是财富、荣誉，甚至不是女人。科学是我唯一的需要，别的对我毫无用处。"

父亲不为所动，伽利略继续说："亲爱的父亲，我已经 18 岁了，别的学生，哪怕是最穷的学生，都已经在想象自己的婚事，我却从没往那方面想。我不曾与人恋爱，我想今后也不会。别的人都志在寻求一位标致的女郎，而我只愿与科学为伴。亲爱的父亲，我为什么不能设法达成自己的愿望呢？我会成为一个杰出的学者，获得教授身份。我能以此为生，而且比别人生活得更好。"父亲最终答应了他，伽利略又说："我向你表示感激之情的唯一方式，就是成为一个杰出的学者，成为一个伟大的科学家。"

阿道夫·达斯勒是个鞋匠的儿子，中学毕业后，他想继承父业，也做鞋。父亲却说，做鞋这个行当太不稳定了，你不如去做面包，人们可以不穿鞋，但不能不吃面包啊！阿道夫没听父亲的话，执拗地选择了做鞋。后来，他不仅创立了"阿迪达斯"公司，还前后获得了超过 700 项专利……无独有偶，他的哥哥鲁道夫当年也遭到过父亲的反对。父亲想，兄弟俩有一个人继承父业就行了，怎么也得有一个人做面包吧？但鲁道夫也选择了做鞋，后来创立了"彪马"公司。

中国青年高燃，最初毕业于一家中专院校，工作半年，年仅 17 岁的他便被提拔为管理人员，月薪 5000。但没过多久，他就放弃了这个在当时绝对属于高薪的工作，而是回到老家做高中插班生，准备参加高考。父母都不同意，对他也没有信心，也没有学校肯收他。经过数趟奔波，才有一个学校收下了他。半年后，高燃创造了奇迹：他考上了清华大学！从清华毕业后，他成了一家报社的记者。仅仅 4 个月，他就成了报社最出色的记者之一。但没过多久，他又躁动起来，他不想和身边的同事们一样，日复一日地做着没有激情的工作，那不是他的梦想。他决心创业，屡经失败后，最终创立了 MySee。

上面4个故事中，5位主人公，各有各的出身，各有各的环境，各有各的遭遇，但他们的成功都源自一点：追随自己的内心行事。内心是灵魂的所在，它所发出的声音是最接近我们本质需求的声音，我们要忠于这种声音，不能说不听任何人的建议，但必须忽略那些所谓的权威审视与不负责任的糟糕预见。

乔布斯说："你的时间有限，所以不要为别人而活，不要活在别人的观念里，不要让别人的意见左右自己内心的声音。最重要的，是拥有跟随内心与直觉的勇气，你的内心与直觉多少已经知道你真正想要成为什么样的人。任何其他事物都是次要的。"

什么是直觉？直觉也称直观认知，或者非逻辑性思维，它是一种没有经过完整的分析过程与逻辑程序，仅仅依靠灵感或顿悟迅速理解并作出判断和结论的思维，具有直接性、敏捷性、简缩性、跳跃性、不可捉摸性等特点，这种思维的强弱取决于我们的右脑功能。而我们的左脑则主管逻辑思维，是理性之源。很多人一度担心这个世界将来会被智能机器人主宰，实际上这种担心是多余的，因为所有机器人的智能即计算机都仅仅是根据我们的左脑设计的，其功能也不会超出我们的左脑。因为缺乏右脑的功能——直觉，机器永远只能是冷冰冰的机器。进一步说，我们要做个"右脑人"，乔布斯、鲁兹、李彦宏等人，他们都是右脑先锋，即拥有出色的直觉并勇于追随自己的直觉的人。

有些人的直觉可能稍差，但这可以通过后天弥补。做人，首先要了解自己。而那些动辄为别人指路的人，事实上连自己的脚踩在哪里可能都没搞清。那些动辄笑话别人的人，他自己也未必就过得好。每个人都是按自己的需要、从自己的角度出牌的，不管具体用意何在，事实上，确切地知道别人内心真实感受的人是不多的，至少他不如我们自己了解自己，也没有人为我们自己的选择埋单。凡事无绝对，追寻自己的内心行事，并不一定能成功，但至少能让我们输了无怨、赢了无憾。

6. 未来怎么样，关键看你现在怎么选择

现实过于残酷，会扼杀一个人的梦想，但有时，现实过于美好，同样会羁绊一个人前行的脚步。这个世界上的大多数人，都介于美好与残酷之间，未来怎么样，关键看我们现在怎么选择。

下面讲这样一个童话故事。

一只饿得发慌的狼在城市边缘遇到一条狗，看着狗发亮的毛皮和强壮的筋骨，狼就气不打一处来，心说你们这些狗，大家都是一个祖先，凭什么你就过得比我好？它很想冲上去和狗打一架，但它一点儿力气也没有，如果莽撞行事，肯定会吃亏。

于是狼装作友好地走过去，和狗攀谈起来，并夸赞狗长得很富态。毫无心机的狗非常得意，说："其实你也可以和我一样。这完全取决于你自己，只要你离开丛林，到人类的家里去打工，你就会过上天堂般的生活。看看你的那些同类，它们在树林里活得多像个乞丐呀。它们一无所有，得不到免费的食物，什么都得靠自己去争取，多累啊！你和我走好了，我保证，你的命运将就此改变，而我就是你的贵人。"

狼问："那我需要做些什么呢？"

狗说："很简单，只要你赶走主人不喜欢的人，奉承家里的成员，时不时地摇摇尾巴讨主人的欢心就行。这样你就可以得到各种残羹剩饭，隔三岔五还能得到很多美味的肉骨头。"

听到这些，狼觉得狗的生活实在是太幸福了，于是它在狗身后向未来的主人家走去。半路上，狼忽然注意到狗的脖子上掉了一圈毛，狼问道："这是怎么回事？"

狗平静地回答道："哦，没什么，只不过是拴我的项圈磨掉了些毛而已。"

"项圈？"狼停住了，"你要被拴着吗？也就是说你不能自由地跑来跑去，是吗？"

"是的，但这没什么。"狗回答道。

"没什么？这关系太大了，我宁肯饿着肚子，也不要用自由换你的肉骨头。"说完，狼就头也不回地跑掉了。

人们常说，狗是人类最忠实的朋友。不过人类对待狗朋友的态度，却始终达不到应有的高度，上面的故事就是例证。究其原因，想来不外乎是因为狗吃了人类的残羹冷炙。至于它们在吃残羹冷炙之前还帮人类做了很多工作，那从来不在人类的考虑范围之内。

而狼，虽说没少给人类添麻烦，甚至直接吃人，但如今受《狼道》《狼图腾》等畅销书和电影的影响，反倒成为人类景仰、效仿的对象，也不外乎狼在理论上不屑于人类丢过去的残羹冷炙。真不知是狼的品质值得景仰，还是我们人类在犯贱。

当然，为了把我们这篇文章写完，我们必须假设狼值得景仰，而狗应该受人鄙视。那么我们自己呢？

我们再来看下面一则寓言。

春天，母鸡和母鹰同时教各自的孩子飞翔。一天下来，小鹰跌得遍体鳞伤，小鸡却毫发无损。母鸡有点看不过去，指责母鹰虐待儿童。母鹰笑笑，什么也没说。

尽管去做，别辜负成功的另一种可能

第二天、第三天……小鹰依旧遍体鳞伤，小鸡依旧毫发无损。

但几个月后，小鹰飞上了蓝天，小鸡却只飞上了墙头。

母鸡酸溜溜地问："老天真是不公平！凭什么让你们鹰类搏击长空，却让我们鸡类在墙头上扑腾？"

"你忘了你是怎么激励小鸡的吗？孩子，快飞上墙头，那里有你最爱吃的玉米！你们的目光太短浅了，所以你们注定与天空无缘。而我们鹰类，就算是死，也不允许自己苟且偷生！"

这是没错的，恰如《曾经笑话 如今神话》一书的作者王晓坤所说："对于自命不凡的人来说，比贫困和苦难更让他们难过的是平庸。"很显然，这里的"自命不凡"是褒义而非贬义。

人生在世，首先要立志。相关调查表明，人群中成功者的比例大概占到全人类的3%，而大部分人之所以终其一生都无法进入这3%之中，一个很重要的原因就在于他们没有雄心壮志。没有"鸿鹄之志"，自然就没有相应的强烈动机。正如同一只为玉米而奋斗的母鸡的高度不会超过墙头一样，一个人的成就也往往超不出他的志向和目标。

俞敏洪说："创业比生孩子还简单，都不需要两个人。"遗憾的是，生活中有勇气创业的人永远不比有勇气生孩子的人多。究其原因，倒不全是勇气的问题，还有现实的问题。孩子生下来，是要悉心照顾、百般培养的。创业，弄不好是要中道崩殂、鸡飞蛋打的。而不生孩子，自己还能当孩子。不创业，至少还能保持一份稳定。

问题是：稳定，能稳定多久？随着时代的发展，过去人们推崇的"铁饭碗"事实上已经不那么铁了，没有能力，照样会下岗，照样被淘汰；人们所谓的"金饭碗"，在一个个私企老板们面前也变得不再耀眼了。当然，如果不出问题，相关单位也不能随便淘汰一个人，"金饭碗"

的含金量虽然相应地在下降，但还是会让不少人为之挤破头。

身处这种社会大背景下，不少人在纠结：如何才能鱼与熊掌兼得？事实上，那样的好事是没有的。你选择了淑女，就必然要失去辣妹。你若都选择，那肯定是个错误的选择。很多权色、权钱交易都是在这样的思想下进行的。旁人不谈，对于有志创业的人来说，至少应该学会在面对现实的基础上超越现实。我们要明白，我们的未来取决于我们今天的行动。我们不仅要为生存着想，也要为生活，特别是未来的生活着想。很多时候，我们必须在改善生活与改变命运之间做出抉择。

蒙牛创始人牛根生说过："要么自我革命，要么被人革命；要想少受折磨，先要自我折磨。"很多人之所以对现状不满意，很大程度上是因为他们当初选择了这份令他们今天不满意的稳定工作，而掐断了自我强大的可能。

"老虎"伍兹是个不错的例子。他从小就立志成为世界上最优秀的高尔夫运动员，但因为家里穷，他根本打不起球，只能从做业余球童开始。后来初中体育老师发现了他的才华，并自掏腰包让他去俱乐部打球，伍兹的球技才得以突飞猛进。可没过多久，一个同学帮伍兹谋到了一份周薪 500 美元的职位，这对家境贫寒的伍兹而言诱惑力非常大。于是他婉转地告诉老师，自己想参加工作，改善家境，不想继续打球了。老师说："孩子，难道你那成为世界上最优秀的高尔夫运动员的梦想只值每周 500 美元吗？"就这样一句话打消了伍兹的念头，坚定了他的信念。几年后，他终于成为世界著名的高尔夫球手。

上面的例子说明，现实过于残酷，会扼杀一个人的梦想，但有时，现实过于美好，同样会羁绊一个人前行的脚步。这个世界上的大多数人，都介于美好与残酷之间，未来怎么样，关键看我们现在怎么选择。

第四章
有什么怕的，谁的青春都受伤

尽 管 去 做 ， 别 辜 负 成 功 的 另 一 种 可 能

追求梦想的道路绝对不是一帆风顺的。我们要有勇气去面对各种困难，不要害怕受伤，不要害怕失败，要有计划有步骤地去成长，让自己一步步接近成功，一步步去实现自己的梦想。

1. 抬起脚就走，把未知的事情交给旅程去解答

只要今天的你我比昨天的你我有所进步，我们就是成功的。人们常说，"积跬步，方可至千里"，不过千里之后，还是要接着走。只有不停地走、不断前进，成功才能不断延伸。

倘若将我们的人生形容为一场体育竞赛，最恰当的无疑是长跑。现在，又到一年暑假时，各种培训机构又在叫喊"别让孩子输在起跑线上"——我不否认人生存在起跑线，也不否认有些人在起跑时装备较好，甚至有些人根本就是开着跑车跟人家比赛跑，但是，类似"别让孩子输在起跑线上"之类的口号，其实只适合短跑比赛，而不适合人生这种马拉松级的长跑。

人生是场长跑，需要主动或被迫参与竞赛，但更多的时候，它是一个与自己赛跑的过程。恰如日本小说家村上春树在《当我谈跑步时，我谈些什么》中所言，他选择长跑，早已超越了健身目的，从而上升为一种塑造自我的哲学行动。"跑步对我来说，不独是有益的体育锻炼，还是有效的隐喻：在长跑中，如果说有什么必须战胜的对手，那就是过去的自己。"

短跑的要诀是速度与助力，长跑的关键是耐力与恒心。开始领先者，未必始终能领先，一度落后者，也未必就不能成为最终的胜利者。人生的竞技场，也未尝不是如此。在人生的长途上，你会看见你前面有

人，后面也有人，身边还有人，脚下也可能有人；有人在跑，有人在挪，有人在爬，有人在休息，有人在纠结，有人在咒骂；有人是十米十米地跨越，有人是五米五米的飞奔，还有人是一步一个脚印地前进，也有人在原地踏步，乃至倒退……如果你休息时间太长，浪费时间太多，后面的人就会赶上来；如果你加倍努力，前面的人也许会被你超越……至于起跑线，你可能真的输在了起跑线上，但当你意识到世上有"起跑线"这个词时，你往往已经离它很远了，不看也罢，不想也罢。

人生就像长跑，总有人跑得快些，也总有人跑得慢些，有些人不跑了，但时间在跑。暂时的落后和领先都不算什么，时间是一把利器，它经常把一个人的优势削没，让他再次跟众人站在同一起跑线上，或者落在众人后面。不信你去看看，看看你当初最厉害的那个初中同学现在在做什么？最厉害的高中同学、大学同学今日又在什么地方？今日最成功的又是哪些同学？

王安石在他的名篇《伤仲永》中讲述过一个神童级的小孩——方仲永的故事。此人天资极高，家里八辈贫农，连纸笔都没有，但他5岁时突然跟父亲哭着要文具，父亲很诧异，但还是借了邻居的纸笔给他，方仲永立刻在上面写了四句诗，并且题上自己的名字。至于他这本事是从哪儿学来的，王安石没交代，想来是在私塾旁偷学而不是纯天生的，但这已经非常了不起了。用今天的话说，方仲永那样的天资，是常人可遇不可求的超豪华起跑线，但由于诸多原因，此人后来泯然于众人，徒使人伤悲。曾国藩则恰恰与此相反。他并不像普通人想象的那样，从小天资聪颖、才智过人，而是比较愚笨。有一天晚上，少年曾国藩在书房中秉烛夜读，一个小偷潜进了房间，想等他睡着后下手行窃。可是曾国藩一篇文章翻来覆去地读了好多遍，就是背不下来。小偷等了几个时辰，曾国藩还没有记住。最后小偷等得不耐烦了，从角落里跳出来，站在曾国藩面前，说你这个笨蛋，我都背会了，你还没有背会，真是气死我了！说罢在曾国藩面前把那篇文章流利地背诵一遍，然后扬长而去，留下目瞪口呆的曾国藩。这个小偷应该是有些天分的，至少比曾国藩强，但他到死也只是一个名字也没留下的普通人，曾国藩却成了清朝中兴的四大名臣之首。在中兴四大名臣中，曾国藩也并不以聪明和才智过人见长，并且经历过落榜的打击，但他最终通过踏实、谨慎和稳健，一步步走到位极人臣的人生巅峰。

很多人可能都看过一步以"跑"为关键词的美国大片——《阿甘正传》。阿甘这个智障人士，永远在奔跑，不为什么，不管不顾不理不睬，不看路，不探路……他用跑步来丈量人生，他没想过要赢，但他赢了大多数人。就像阿甘那句台词："我跑啊跑，没命地跑着，一会儿就发现只剩下我一个人了……"类似的经典台词还有很多，比如"不管去哪儿，我都是跑着去的，没想到去哪都没问题"，"我妈妈常说，从一个人脚上穿的鞋可以看出很多东西：他要去哪儿，去过哪儿"，等等。阿甘奔跑的身影并不潇洒，但他不断地把自己的过去和无数人的现在抛在了脑后；那些经典台词，他自己未必懂，但事实证明，懂不懂并不必要，重要的是抬起脚，把那些不懂的事情交给旅程去解答。

阿甘毕竟是个智障人士，我们不能盲目地效仿。我们要学习他的"傻劲儿"，同时也要尽力做个智慧型的选手。1984 年的东京国际马拉松邀请赛冠军得主日本人山田本一就是这样一个人。参赛前，他还是一个名不见经传的人，而且他个子不高，这对跑步来说是比较吃亏的。因此记者问他凭什么取得如此惊人的成绩？山田本一的话更惊人："凭智慧。"如前所述，长跑考验的是耐力，爆发力和速度都在其次，智慧更是有点儿远。不过当时记者并未深究，只是心里觉得他故弄玄虚，不愿意透露自己的训练秘诀罢了。谁知两年后，山田本一又在意大利国际马拉松邀请赛上获得了冠军。记者们再次请他谈一下自己的经验，山田本一的回答还是那句话："凭智慧。"当然，记者们依然对此摸不着头脑。直到 10 年后，已经退役的山田本一在自传中解开了这个谜团，他说："每次比赛前，我都要乘车把比赛的线路仔细看一遍，并把沿途比较醒目的标志画下来，比如第一个标志是银行，第二个标志是一棵大树，第三个标志是一座红房子，这样一直画到赛程的终点。比赛开始后，我就以百米冲刺的速度奋力向第一个目标冲去，等到达第一个目标，我又以同样的速度向第二个目标冲去。四十几公里的赛程，就被我分解成这么几个小目标轻松地跑完了。起初，我并不懂这样的道理，我把我的目标定在四十几公里处的终点线上，结果我跑到十几公里时就疲惫不堪了，我被前面那段遥远的路程给吓倒了。后来我调整了心态，也调整了战略，我要凭我的智慧去战胜对手。我成功了！"

觉得成功离自己太远，从而产生懈怠之心，进而丧失信心，这是很多人在人生的长跑中败退的原因。其实，没必要把成功定义得太遥不可及，更不要把它定义得太现实，比如具体赚多少钱、开多大公司、当多大官、置多少家产……只要今天的你我比昨天的你我有所进步，我们就是成功的。人们常说，"积跬步，方可至千里"，不过千里之后，还是要接着走。只有不停地走、不断前进，成功才能不断延伸。

2. 没有竞争优势，你注定走不了多远

有了核心竞争力，一切皆有可能。"一技"只能让你养家，"一技之长"方可让你成功、致富、脱颖而出。我们需要拥有"一技"，更要努力追求"一技之长"。

在上面的小节中，我们基本上是在阐释这样一个道理：努力就会成功，比昨天进步就是成功。这是没错的，不过它有一定的"心灵鸡汤"的成分。现实比较残酷：由于很多人都在努力、都在前进，所以成功必然要以"与众人拉开一定距离"这个庸俗的标准为前提，而要想达到这个标准，没有竞争优势或核心竞争力，注定很难。

很多人之所以在生活中被伤，在职场中被拒，很重要的一点就是没有竞争优势。说白了，你能干的别人也能干，你不能干的别人还能干，凭什么用你？如果你是老板，你也会做一样的选择。

有人说，有人的地方就有江湖。这是没错的。一个人想要在江湖上立足，必须先远离江湖，躲进深山，练好内外功夫，才有笑傲江湖的本钱。培养竞争优势的奥秘也在于此。

古语中有"大器晚成"一说，这是很有科学道理的。所谓大器，原意是指大型的铸造器具，比如鼎和钟等，任何铸造器具都需要冷凝时间，越大的器具，所需冷凝的时间也越长，不然，固然也能"成器"，但这个器是经不起摔打的。做人也是如此，担当重任，必须经过长期的

尽管去做，别辜负成功的另一种可能

锻炼，所以成大事者不乏成就较晚者。当然，很多人可能年纪轻轻就成功了，除了一些被商业包装出来的成功者外，我们要知道，很多人看似年轻，但修炼的时间并不短，很多艺术家，都是从几岁时就开始练基本功了。

当然，还是那句话，只要肯努力，何时都不晚。不过，努力也分何种程度的努力。一般性的努力，只能保证人衣食无忧，不至于落伍或不至于落伍太多；而要想出类拔萃，必须付出更多。齐白石是个好例子。他本是个木匠，26岁才专门学画像。学篆刻时，曾经有人跟他开玩笑："你把山上的石头挑一担回家，啥时候都磨成泥浆，篆刻也就学成了。"他不服气，当真挑了一担石头回家，磨了刻、刻了磨，日复一日，年复一年，最终将一担石头统统"化石为泥"，他的篆刻技术也在此过程中达到了炉火纯青的境界。画虾，则是齐白石的绝技。所谓绝技，是第一的意思，也是不可替代的意思。齐白石的虾，灵动且有质感，呈半透明状，或急或缓，时聚时散，疏密有致，浓淡相宜……说"白石虾"达到了前无古人的境界也不为过。这样的成就当然来之不易，据说前后历练了86年！

非一般的成就，自然有非一般的价值。白石老人的画作动辄上千万我们就不必谈了，下面来看一个国外的例子吧。

有一次，美国福特公司的一台工业电机发生故障，各方人士检查了3个月，竟然束手无策，于是请来了德国专家斯坦门茨。斯坦门茨围着电机转了几圈，听了听声音，最后用粉笔在电机上画了一条线，说："打开电机，把画线处的线圈减去16圈。"技术工人立即照做，电机马上恢复正常，福特公司的负责人问斯坦门茨要多少酬金，斯坦门茨张嘴便要1万美元。福特公司的负责人嘟囔着说："画一条线，竟要这么高的价钱!"斯坦门茨听了微微一笑，解释说："画一条线当然不值 1 万美元。画一条线只值 1 美元，知道在什么地方画却值 9999 美元。"

这个故事深刻地提示了不可替代性的重要。不过这个故事还没完：当福特公司的创始人福特先生听说这件事后，他非但没有为斯坦门茨的高报价感到生气，相反还非常高兴，马上亲自去拜访斯坦门茨，力邀斯坦门茨加盟福特公司。但斯坦门茨却说自己不能离开自己现在所在的那家小工厂，因为那家小工厂的老板在他最困难的时候收留了他。很多人都对此感到遗憾。因为当时的福特公司已是美国首屈一指的大公司，人人都以能进福特公司为荣。但不久，福特先生做出了一个决定，弥补了这个遗憾：他直接收购了斯坦门茨所在的那家小工厂。很多人都觉得不可思议，那样一个小工厂怎么会进入福特先生的视野？福特公司的董事会成员也不理解，福特先生解释道："没什么，因为那里有斯坦门茨。"

套用一句广告词：有了核心竞争力，一切皆有可能。有句俗话说得好：三百六十行，行行出状元。所谓状元，无非就是行业精英。经常听一些学历堪比古代状元的高才生说："你这人怎么哪壶不开提哪壶？"其实他们应该反过来想想：你有哪壶水是开的？你哪一壶水都不开，让人怎么提？当然，在升学、考试、做题方面，他们无疑曾经有过优势。也正是因为他们有优势，有核心竞争力，他们才会成为老师与家长眼中的宠儿，各种奖励都能拿到。但是，高学分不代表高学问，高学问也不代表能力大，更不代表核心竞争力。我们要想保持优势，就得不断地修炼。

李强老师是中国培训领域大名鼎鼎的人物，人称"中国启智教育第一人"，他的课讲得幽默风趣且不失哲理，引人深思。记得有一次，李老师在讲课时与同学们互动说："请认为自己有一技之长的同学举起手来。"不少同学纷纷举起手。李老师走到一位女同学面前问她："你认为自己在哪方面有一技之长?"那位女同学说："我做了十多年美容事业，也算有所建树。"李老师问："你认为全国美容业你的业绩最突出吗?"女同学答："不是。"李老师又问："你认为全国美容师都需要向你学习吗?"女同学答："也不是。"李老师随即说："那你充其量有一技，而算不得一技之长。一个理发师理一个头收 10 元的叫'一技'，收 1000 元的叫'一技之长'，一个画家的作品卖 200 元的叫'一技'，卖 200 万元的叫'一技之长'。"

仔细想来，此言极是。在过去，只要有一门手艺、一门技能，哪怕是修盆箍碗、刮脸修脚等，都可以称得上一技之长，所谓"荒年饿不死手艺人"，那些握有一技之长的人，往往比普通百姓过得滋润一些。但如今，掌握"一技"的比比皆是，拥有"一技之长"的却凤毛麟角。用李强老师的话说，"一技"只能让你养家，"一技之长"方可让你成功、致富、脱颖而出。我们需要拥有"一技"，更要努力追求"一技之长"。

3. 想发芽开花，你要先钻到土里去

要想改变环境，必须先适应环境。不信任新人，或者说不敢把命运押在一个新人身上，是普遍的大环境。不管你是谁，只要你是个新人，你首先要做到的就是像一颗种子一样把自己放到无限低，然后不断积蓄力量，尽可能地生长。没有机会做大事，就先做小事。

我的朋友张绍民有一首小诗叫作《更低》：

　　　大地比脚低

　　　种子愿意更低

　　　种子在泥土里被埋没

　　　还有比种子更低的吗

　　　有，种子身上长出的根

　　　正在向更低的深处赶路

　　　……

张爱玲也说过：喜欢一个人会卑微到尘埃里，然后开出花来……

前者是励志，后者是励情，但核心是一致的：人，不论做什么，不论求什么，都不能只看华美的目标，不顾苍白的现实，应该像植物一样，有一条可以无限下行的根，潜心于脚下的土地，致力于大地深处的能量，待到时机成熟，春来日暖，方能冲破瓶颈，攀缘阳光，绽放最绚烂的花，结出最丰硕的果。

尽管去做，别辜负成功的另一种可能

我们再来看一个经典的故事。

数年前，几个美国青年同时从美国著名学府哈佛大学毕业。学习机械专业的青年们都想进入当时如日中天的维斯卡亚机械制造公司，但维斯卡亚方面明确告诉他们，该公司从不聘用只有理论知识而无实践经验的人。其中几位同学只好本着此处不留人、自有留人处的想法去了别的公司，而且直接进入了管理层。唯有一个名叫史蒂芬的同学不为所动，依旧做着进入维斯卡亚公司的美梦。但他自己也清楚，这很可能永远只是个梦。

很快到了秋天，这天，史蒂芬在自家农场帮父亲收割向日葵时发现，由于雨水的缘故，好多葵花子都在向日葵的顶端发了芽。父亲见他发呆，走过来开玩笑说："这些葵花子这么迫不及待要发芽，但结果只有死路一条。想发芽开花，它们必须得钻到泥土里去才行！"

父亲的玩笑话点醒了迷茫的史蒂芬。回到家，他把自己的文凭塞进抽屉，然后再次造访维斯卡亚公司，表示自己愿不计报酬地为该公司工作，终于如愿进入了维斯卡亚公司。

在公司，史蒂芬日复一日地打扫卫生，在此过程中，他细心地观察了整个公司的生产情况。半年后，他发现公司在生产中存在一个技术性漏洞。此后，他用去将近一年的时间，搞出了有针对性的设计。但是当他试图就此向高层提议时，才发现自己根本就没机会见到总经理，甚至当那些存在缺陷的产品一批批被退回公司时，史蒂芬仍然没机会见总经理。

这天，史蒂芬在扫地时听到一位同事说，为了挽救危机，公司董事会正在召开紧急会议，但会议进行了6个小时还没有结果。史蒂芬强烈意识到，自己的机会终于来了！于是他带着自己的设计敲开了会议室的门，对正在开会的总经理说："我可以用 10 分钟时间改变公司！"

结果，史蒂芬不仅成功地挽救了公司危机，10 年后还荣升为公司 CEO，其个人财富也迅速跻身美国富豪前 50 名！而他那几位直接进入管理层的同学，时至今日依然做着他们那一成不变、没有前途的工作。当他们羡慕地向史蒂芬取经时，史蒂芬的答案总是令人似懂非懂："我只是把自己当成一颗种子钻进了土壤里！"

史蒂芬的意思其实非常好懂。我们在小学时就学过一篇课文——《种子的力量》，其中心思想是说，世界上力气最大的不是大象、狮子，也不是传说中的金刚，而是植物的种子。种子的力量之大不容置疑，但若不把它们埋进土壤里，它们又怎么可能发挥出自己的力量呢？

做人也是如此。每个人都好似一颗种子，有的人生在贫寒之家，一无所有，但生活在强加给他"苦难"的同时，也磨炼了他的坚强品质，生活的不易和高压，就好像泥土覆盖着种子，不至于让他干瘪，同时传递给他来自地心的热量和生命之水，总有一天会催化着他的生活萌芽，直至开花，最终结出丰硕的果实。有的人则好比种子落入温室，生在富贵之家，不需要独自长大。这样的开始无疑是幸福的、幸运的，这样的人也不至于像上文中的向日葵种子一样，只有死路一条，但他们就像温室中的种子永远无法体会到被压在乱石下的痛苦，从而无法积攒起推开乱石的无穷力量，难以面对人生的无情风雨；同时，逼仄的温室也决定了他们永远无法成长为参天大树，无法在暴风骤雨中享受与雷电对峙的快活。

与之相类似的是成功学中的"蘑菇定律"。所谓"蘑菇定律"，简单来说就是大多数人刚开始工作或创业时，都像一株被置于阴暗角落的蘑菇，或者被人忽略，或者不受人重视，弄不好还会被人有意无意泼上一头大粪，完全处于自生自灭的过程中。但稍具常识的人都知道，太阳底下是不可能生蘑菇的，阴暗的角落才是蘑菇的滋生地，而一头大粪也可为蘑菇生长提供养分。蘑菇生长必须经历这样一个过程，而人的成长也肯定会经历这样一个过程。这就是蘑菇定律，也叫萌发定律。

从基层做起的成功人士远不止史蒂芬一人。事实上，在西方绝大多数世界级大公司内，包括 CEO 在内的管理人员，大都是从基层小事做起的。就连老板的儿子，要想成功接班，也得从基层做起，因为不那样做，他就无法彻底了解企业生产经营的整体运作，无法积累经验和人气，无法经受磨砺和考验，无法和身边的员工一起成长，为日后发现人才、培养人才打下基础。至于普通青年，当上几天"蘑菇"，也能够消除他们刚踏上社会时很多不切实际的幻想，让他们更加接近现实世界，更加理性、踏实地去追求、去努力。可以说，"蘑菇"的经历对一个人的成长来说，就像蚕茧，是羽化前必须经历的痛苦过程。

而国内却完全是另一回事。都说这是个浮躁的年代、功利的年代、个性张扬的年代，很多大学生走出校园时，往往都抱着很高的期望，觉得自己十数年寒窗苦读，虽不至学富五车，但至少也学过好几个书架，到了单位后就应该得到重用，应该得到丰厚的报酬。工资成了他们衡量自身价值的唯一标准。一旦得不到重用，工资达不到预期，就容易失去信心，失去工作的热情，进而消极地对待工作。然而谁都知道，即使是天才，刚走出学校的人，也往往是理论上的天才，更何况有些人根本就是眼高于顶却手底稀松。退一步讲，即使你初出茅庐便知行合一，但也请记住达尔文的忠告：要想改变环境，必须先适应环境。不信任新人，或者说不敢把命运押在一个新人身上，是普遍的大环境。不管你是谁，只要你是个新人，你首先要做到的就是像一颗种子一样把自己放到无限低，然后不断积蓄力量，尽可能地生长。没有机会做大事，就先做小事。越是被放在不起眼的地方，越是要主动发光。美国人有句谚语：想让火鸡崇拜你，那就把自己练得像鸵鸟那么大。当你还不是鸵鸟时，有个把鸵鸟或火鸡嘲笑你，实属正常现象。当你成长到足够强大时，别人是不是重视你根本就不重要了。

尽管去做，别辜负成功的另一种可能

4. 你可以不成功，但不能不成长

人这一辈子，可以不成功，但是不能不成长。成长是一个不断发展的、无止境的动态过程，在这个过程中，你会改变，每个人都会改变，但是成长是可以把握的，这是对自己的承诺。

我小时候在农村，有时候，见父母会把一些因为遭水灾或旱灾而长势不好的庄稼拔掉，甚至会把整片地里的庄稼直接毁掉，我很不理解，心说干吗毁掉呢？让它们长着，多少也会有些收获吧？父母的解释是：这庄稼没什么长头了！毁了它，还能改种别的，弥补损失，至少也能省些地力！我长大后，发现这个社会基本上也是这样运转的，如果一个人长期没有成长，不仅他自己会失去希望，社会也会对他失去希望，这样的人，或许不会像庄稼一样被直接毁掉，但终究不会好到哪儿去。

下面讲一个我身边的故事——树良的故事。

树良是我的老乡，由于他曾跟我父亲学过徒——泥瓦匠，他本人又是村里的"风云人物"，因此我对他的人生基本上了如指掌。如果仅仅用"不如意"来形容他的人生，那绝对是玷污了"不如意"这三个字。用乡亲们的话说："树良？这辈子完了！太阳打西边出来，他也不可能好起来！"

太阳不可能从西边出来，但树良却缔造了一个人间奇迹。三年前的冬天，树良于某个寒夜突然顿悟，第二天一早便夹着个蛇皮袋子进了京，开始捡破烂。如您所知，这年头捡破烂也竞争激烈，缺乏竞争意识的树良破烂儿没捡多少，却意外地捡了个傻姑娘。他破天荒地良心发现了一回，设法从姑娘口中打听出家庭住址，然后把姑娘送回家。姑娘的父母自然千恩万谢，最后还奉上 2000 元的红包。树良后来跟我说，他当时一秒钟都没迟疑，就把钱揣进了兜里，但在他转身准备离去之际，那位傻姑娘却猛地冲上去抱住他，嘴里一个劲地叨咕"不要离开我，我要嫁给你"云云，也不知基于何种考虑，姑娘的父母最终竟真的把女儿嫁给了除了是个男人什么都不是的树良！

这只是开始。用树良的话说，"捡个傻媳妇并没改善我的生活"。让老乡们嫉妒的是，就在去年，树良的傻媳妇的老家——北京某城中村拆迁了，傻姑娘的父母得了一套房子和一百多万补偿款，老两口没忘记傻女儿，最终拿出了将近 30 万元给了即将要穷死的树良。于是乎，树良摇身一变成为村里的有钱人，我们那个小山村里关于"树良有钱了、树良走运了"之类的话语转眼间此起彼伏，之前骂过树良的人们开始跟他称兄道弟，之前不肯赊药给树良的赤脚医生亲自带着点心和烟酒登门谢罪，之前打过树良两个嘴巴的村支书也放下身段上门呼吁树良成功了不要忘本，甚至有人暗地里找到树良——你有钱了，找个伶俐点儿的媳妇吧，我给你介绍！你那个傻媳妇也别离，那可是摇钱树啊！再说，两个媳妇的滋味儿，嘿嘿……

对此，树良一概没听。他力排众议，花了十几万元买了一辆小轿车，然后每天蹲在村口，加入了黑车司机的行列。应该说，这做法虽然消极，但也并非无可取之处。可惜的是，"人怕出名猪怕壮"，没几天，树良就在几个早有预谋的赌徒的诱惑下变成了世界上最受欢迎的赌徒——冤大头。我从一位与树良赌过多次的老乡口中听说："树良的钱

尽管去做，别辜负成功的另一种可能

最好赢，推牌九，他连配牌都不会；打麻将，动不动就诈和；打扑克，不记牌……一句话，这傻小子打牌都没个成长……"只过了半年，树良便输掉了所有资本，包括那辆九五成新的小轿车。

据说，树良那伟大的岳父母最近又有资助他一把的打算。不过可以想象，像他这样一个人，资助多少都是一种浪费。成功，从来都不是财富数字的转移，而是实实在在的本质上的成长。

你可以不成功，但是不能不成长——这是杨澜的名言。在厦门大学演讲时，杨澜对学生们讲过这样一件事："我二十出头就成了央视的当红主持人，但一件小事让我感觉自己身处的环境极其不安全。那是一年春晚排练，一共需要6位主持人，多遍彩排之后，导演组突然决定不用其中一位主持人大姐了，但没有人去通知她。有一天，那位大姐兴冲冲地拿着礼服到化妆间，准备化妆再次排练，化妆师却告诉她没有她的名字，结果那位大姐神色黯然地走了。我当时坐在一旁，那一刻我似乎看到了我自己的未来。我当时心想，如果没有机遇和环境的平台，有多少成功算是你努力的结果？选择离开是因为恐惧，因为命运不在自己的掌握中。从那一刻起，我就觉得自己首先得站稳脚跟，去寻找成长，去读书。我的一些成长并不是精心的安排，只是跟随着心里最真切的声音。"

后来，杨澜又多次谈到自己从央视辞职，总的来说就两句话，"觉得自己有点儿虚""觉得不踏实"。为了寻求踏实，她毅然离开了让她大红大紫的《正大综艺》节目，去国外读书。留学期间，她曾经采访中国人民的老朋友——基辛格，用她后来的话说，自己当时特别没经验，问的问题都是东一榔头西一棒子的，比如问："那时周总理请你吃北京烤鸭，你吃了几只啊？你一生处理了很多的外交事件，你最骄傲的是什么？"后来在中美建交30周年时，她再次采访了基辛格。这次杨澜就再也不问北京烤鸭这类问题了，而是非常有深度。在此之前，她和团队成员几乎搜集到了所有与基辛格有关的资料，从他在哈佛当教授时写的论文、演讲，到他的传记，以及 7 本著作……杨澜的最后一个问题是："这是一个全球化的时代，有很多共赢和合作的机会，但也出现了宗教的、种族的、文化的强烈冲突，你认为我们这个世界到底往哪儿去？和平在多长时间内是有可能的？"基辛格听后直起身说，你问了一个非常好的问题。随即他阐述了自己对和平的理解：和平不是一个绝对的和平，而是不同的势力在冲突和较量中所达到的一个短暂的平衡状态。把他外交的理念与当今的世界包括中东的局势结合，做了一番分析和解说。这个采访做完，不仅杨澜自己觉得很满意，很多外交方面的专家也认为很有深度。

这份深度不是凭空得来的。用杨澜的话说："我不是一个特别聪明的人，但还算是一个勤奋的人。人这一辈子，可以不成功，但是不能不成长。成长是一个不断发展的、无止境的动态过程，在这个过程中，你会改变，每个人都会改变，但是成长是可以把握的，这是对自己的承诺。也许，终其一生的努力，我们也成不了刘翔，但我们仍然能享受奔跑！可能有人会阻碍你的成功，却没人能阻止你的成长。换句话说，这一辈子你可以不成功，但是不能不成长！"

的确，世上所有的生灵，但凡生命没有停止，成长都在继续：小树苗成长为参天大树，小动物成长为旷野主宰，小孩子成长为国之栋梁……甚至我们的宇宙都在不断成长（膨胀）之中，不然它就会因为万有引力而崩塌。因此可以说，成长是宇宙的本真，是第一律，我们可以为底线、为原则暂时拒绝成功，但永远都不能拒绝成长。

5. 你别太计较薪水，提升能力是你的当务之急

如果你是有梦想的，如果你对现状不满，如果你想要自己的未来也可以成功，那么，请保持一颗高贵的事业心，怀着事业心来干工作，你才能获得较快的成长。

薪水，是比较婉转的说法，说白了就是工钱。首先作为消费者存在的人，离不开工钱。所以，谈工钱没必要委婉。如果有能力，能尽量多争取些，就多争取些。

如果没能力，甚至连基本的技能也谈不上时，那就是另外一回事了。我在做自由撰稿人之前，曾经在一些公司替老板面试过不少应届毕业生，其中很多人都这样说："您看，北京这地方，租房这么贵，物价也这么高，没5000块我没法生存……"这是实话，但用人单位不关心这个，他们永远关注的是：你值多少钱？你能为公司带来多少效益？

所以，如果你没能力，或者能力有限，而那家公司又能为你提供一个学习、上升的平台，那么，你最好不要把薪资看得太重，只要给你个机会，你就应该珍惜。

一份工作，报酬能低到什么程度呢？以我为例，我的第一份正式工作是校对。当时，我甚至不知道校对具体该做些什么，之前打的一些散工也很不成功，当面试官告诉我校对就是给作家写的文章找找错字之类，我心想这事不错，不就是读书嘛，我从小就爱读书。但对方转而告

诉我，我们有一个月的试用期，试用期内没有任何工资！我心里顿时很黯淡，一来怕给人白干一个月，二来担心我这个月怎么过活。但我又一想，这也不是没有好处，只要我学会了，下次再找工作就不会这样了。于是我本着努力学技术、白干就白干的精神开始上班，让我没想到的是，仅仅白干了一周，老板就对我说："你从明天开始挣绩效工资！"

后来，我有幸成为一个作者。在长达几年的做校对的过程中，我逐渐发现，很多作者其实写得并不太好，有些甚至还不如我，于是我想，为什么不挑战一下自己呢？刚好我在网上发现一家图书公司正在招聘，上面清清楚楚地写着，"只要有学习精神，没有经验也可以来试试"，我喜出望外，给对方打过电话后马上去面试。为了让对方尽量收下我，适逢正月，我还拎上了两瓶酒，并且告诉对方只要给我机会，工资不工资的根本不重要。到底是哪一点打动了我那酒鬼老板，我不得而知，但他最终还是把我收下了。而且，对方并没有因为我自己提出可以不要工资而不给我工资。

现在的我，是个自由撰稿人，离成名还相去甚远，稿费也谈不上丰厚，但我深知，这对当初连工作都找不到的我来说，已是一定程度上的改变命运了。只要坚持下去，我一定还能走得更远。

由于我起点较低，所以我的故事显得有些极端。现实生活中，这样的事情是比较少的。大多数人只要是在做事的，多少都能赚到基本的生活费。不过，同一份工作，同样能力的人，同样的薪水，各自的感受却完全不同，有的人能放平心态，本着学习的精神投入其中；有的人则无限失望，没有丝毫积极性，用他们的话说：就这点钱，还想让我积极？

对于后一种人，首先要想清楚一个问题：自己到底是在为谁工作？是老板，还是自己？其次应该自问：自己是把工作当成了一件差事，还是把它当成了事业？换句话说，这不是钱的问题，而是态度的问题。

比尔·盖茨曾经说过："如果只把工作当作一件差事，或者只将目光停留在工作本身，那么即使是从事你最喜欢的工作，你依然无法持久地保持对工作的激情。但如果把工作当作一项事业来看待，情况就会完全不同。"这是没错的。一个人的人生高度，不会超出他的心灵高度。一个人对生命有什么样的追求，就会产生什么样的事业心，这样的境界既需要在工作中不断学习，也需要自我修炼。有人说，认真做事只能把事情做对，用心做事才能把事情做好。也有人说，不怕被利用，就怕没有利用价值。不管怎么说，如果你是有梦想的，如果你对现状不满，如果你想要自己的未来也可以成功，那么，请保持一颗高贵的事业心，怀着事业心来干工作，你才能获得较快的成长。

很多人都听过下面这样一个小故事。

3个工人在建筑工地上砌墙，有人问他们在做什么。第一个工人没好气地说："没看到吗？我在砌墙。"第二个人抬头笑了笑，说："我们在盖一幢高楼。"第三个人边干边哼着歌曲，他的笑容很灿烂："我们正在建设一个新城市。"10年以后，第一个工人还在砌墙，第二个工人成了建筑工地的管理者，第三个工人则成了这个城市的领导者。

对这个故事，我深有体会：第一个工人之所以没好气，主要是因为他的工作——泥瓦匠——实在是太辛苦，也没有太多乐趣可言。所以，有人立志做科学家，有人立志做艺术家，但基本上没有人会立志做泥瓦匠。然而，这个世界上从一开始就从事自己喜欢的工作的人并不多，有人热爱艺术，却不得不当工人；有人想当科学家，却长年从事管理工作；有人想做官，却只能做个体户……都说兴趣是最好的老师，我不否认这点，不过我更赞同俞敏洪的观点，他说："我从来没有喜欢过英语，到现在为止我还依然坚持在学英语。为什么？因为英语变成了我的工具。我当时考大学，不是因为我喜欢英语，是因为当时考英语专业不用考数学。我喜欢中文，也喜欢中国历史和中国哲学，但是最后我不得不学英语，我发现英语对我有用。同学们，当你们登山的时候，你可以不喜欢手中的拐棍，但是你不能扔掉那根拐棍，脱离那根拐棍，你就登不上山了。我发现英语就是我的拐棍，它改变了我的命运，也让我在新东方这座事业山峰上不断往上攀登。"

　　有些人倒是不在乎兴趣，只是一门心思地关注眼前的利益，目光短浅，对未来欠缺考虑，只为现在的工资闹心。对此，我们只能说，人应该有点儿追求、有点儿情怀。没追求、没情怀的人，拥有再多的钱也是可悲的。当然，人也应该面对现实，金钱在很多场合确实不可或缺，但即使一个人眼中除了金钱再无其他，他也必须明白：想赚更多的钱，首先不能纠结于现状，计较于薪水。现状令人不满，所以才要改变它。薪水总是有限的，正常情况下也与一个人的能力成正比。当一个人总是在计较薪水时，我们有理由相信，他的人生目标也不会太高。

第五章
懂得放弃，你才会有精力去选择

尽管去做，别辜负成功的另一种可能

放弃是为了更好地得到。我们在追求梦想时，一路上会遇到很多事情，也需要放弃很多事情——唯有这样，我们才能轻装上阵，才能始终朝着自己的目标前进，不至于因为额外的干扰而减慢了追求梦想的步伐。

1. 既然选择了远方，你就只有风雨兼程

没有人能够逃脱选择而去生活。人生并不总是失之毫厘，谬之千里，因为我们可以及时调整。成大事者，且不纠结。成大事者，必然面临一次又一次选择及相应的调整。

杨朱是我国春秋战国时期的思想家，他行事较为怪异，《列子》一书中记载了他这样一件事。

有一天，杨朱的邻居走失了一只羊，邻居全家一起出动去找，并请杨朱的仆人也去帮忙。杨朱感到奇怪："不就是一只羊吗，用得着这么多人？"邻居说："没办法，因为岔路实在太多，谁知道羊会从哪里跑掉。"后来，找羊的人纷纷归来，但谁也没有找到，邻居非常沮丧。杨朱问："这么多人去找，怎么还会让它跑了呢？""我本以为只要找村里的岔路就够了，没想到岔路之中还有岔路，搞不清楚它到底从哪条路上跑掉的。"听了这话，杨朱突然脸色大变，他沉默着，心里似有所动。之后好几天，他一直没缓过神来，整天愁思满腹，沉浸在对"岔路"的思索中。门下有个弟子比较迟钝，他好奇地问老师："一只羊又不是什么太贵重的东西，况且又不是您自己的，何必为它难过？"杨朱一声不吭，拒绝回答。后来，杨朱的门生孟孙阳把此事告诉了当时的名士心都子，心都子是个有智慧的人，为弄清楚杨朱的想法，他便和孟孙阳一同去谒见杨朱。

心都子问杨朱："从前有兄弟三人，在齐国向同一位老师学习，他们都以为领悟了仁义之道，回家后，他们的父亲想考考他们，便逐一问道：'仁义到底是怎样一回事呢？'老大说：'仁义教会我要爱惜自己的生命，而把名声放在生命之后。'老二的回答是：'仁义让我为了名声不惜牺牲自己的生命。'老三却说：'仁义使我的生命和名声都能够保全。'三个兄弟的回答各不相同，老大与老二的回答还完全相反，但他们的回答都完完全全出自儒家的教诲，您认为他们三兄弟谁的领悟正确呢？"杨朱没有正面回答，而是反问："有一个人住在河边，他熟知水性，敢于泅渡，以划船摆渡为生，摆渡的赢利足可养活100口人。因此，自带粮食向他学泅渡的人成群结队，但这些人当中溺水而死的达到了一半。他们本来是学泅水的，而不是来学溺死的，结局却如此不同，你认为谁对谁错？"心都子听罢，搞清了杨朱的想法，便同孟孙阳一起告辞而去。

后人给这个故事起了个名字，叫作"歧路亡羊"，《荀子》中也提到了这个故事，只不过是精简版，只说某天杨朱来到一个十字路口，一时间不能决定走哪条路，由此联想起人生的歧路，竟悲戚地哭起来，后人也给它起了个名字，叫"杨朱泣歧"，也叫"杨朱哭"。《吕氏春秋》也提到了类似的故事，只不过主人公由杨朱换成了墨子。不过相关的主旨都是一致的，岔路或十字路口之所以让杨朱或墨子哭泣，是因为它纵横交错，让行者无从选择，选择不当，便会失之毫厘，谬以千里，到那时后悔已迟。所以，人，特别是心怀大志的年轻人，一定要学会选择。

选择，并没有什么值得痛苦的，真正的痛苦是不能选择，即不让选择。抛开这一点不谈，即使现实令人困惑，未来让人迷茫，人也应该勇敢抉择。单从"选择"的角度来看，蹲在十字路口或岔路口大哭、裹足不前、原路返回本身也是一种选择，无疑，这是一种消极的选择，是不明智的选择。鲁迅先生对这种选择很不屑。他曾在《两地书》中这样描述自己面对歧路的态度，他说："'歧路'，倘是墨翟先生，相传是恸哭而返的。但我不哭也不返，先在歧路头坐下，歇一会儿，或者睡一觉，于是选一条似乎可走的路再走……如果遇见老虎，我就爬上树去，等它饿得走去了再下来，倘它竟不走，我就自己饿死在树上，而且先用带子缚住，连死尸也绝不给它吃。但倘若没有树呢？那么，没有法子，只好请它吃了，但也不妨也咬它一口。"

人生就是一条路，但这条路除非自己已经走过，否则谁也不能绝对了解前方的路究竟如何。所以说，鲁迅先生的"选一条似乎可走的路再走"的做法，不仅表明了他的从容乐观、敢于选择与义无反顾的态度，同时这几乎也是最大限度的谨慎与睿智了。选择难，选择充满风险，但这都是理论上的，切不可在真正做出选择并切实践行之前，先被未知吓倒。

一般来说，在难以选择的时候，我们也有好几种选择方式：其一是把选择权利交给别人。哲人说，所谓"领导"就是这样发明的。领导不能吃、不能穿、不能用，它最大的用途就是代替众人选择。如果摊上一位聪明且有眼光的领导，这是众人的福分；可如果碰上一些不太聪明、比较固执甚至略为有些愚钝的人担任领导，让他们代替选择可就危机重重了。在这种情况下，人要么拥有能力影响类似的领导，要么就该及时退出那个没希望的团队。其二是不选择。不选择分低层次的不选择和较高层次的不选择，所谓低层次的不选择就是前面说过的类似"杨朱泣歧"之类尽管慎重却不无消极的选择；较高层次的不选择，则是指在对那些已经不可避免的选择坦然接受的同时，跳出圈外，让选项更多些。其三是随便选择一个。这看似是把选择交给命运，其实并不尽然。往深层次说，杨朱泣歧，哭的是那些迷失了本性而不是迷失了方向的人，在杨朱生活的那个时代，先哲们最关注的东西就是大道。何谓大道？这里可以把它理解为一个基本的道德，可以说，只要我们在严守道德底线的前提下做出选择，那么无论做出何种选择都是无可厚非的，也都是至少有着一半成功机会的。而且，很值得我们注意的是：一般情况下，只要决定了某一种选择，从长远来看，任何选择都是对的。关键是当选择成为事实后，我们为自己的选择坚持了多久、付出了多少。仅仅是正确的选择，是不足以确保成功的。成功需要选择，也离不开努力。相对来说，努力更加重要。说"选择比努力更重要"的人，大多都是纸上谈兵，没有真正努力过。

一句话，面临艰难抉择时，勇敢选择！没有人能够逃脱选择而去生活。人生并不总是失之毫厘，谬以千里，因为我们可以及时调整。成大事者，且不纠结。成大事者，必然面临一次又一次选择及相应的调整。2015年春不幸去世的诗人汪国真曾有这样的诗句："既然选择了远方，就只顾风雨兼程。"

2. 你想同时有太多的选择，等于没有选择

　　人生就是一条路，起点在哪里，由不得我们选，有多少歧途，也不会听从我们安排，但我们可以选择终点，选好了终点，交通网再绵密，也迷惑不了我们的视线。

　　美国哥伦比亚大学的亚格尔教授曾经与他的同事做过一项试验：他们在一个闹市街头设置了一个摊位，主要出售各种果酱。之后，他们在一周内，把这个摊位又分别挪到了其他一些闹市区，以便使其得出数据更加平均与可信。最终的结果显示：当这个摊位上摆放的果酱多达 24 种时，会有约 60% 的路人驻足观看；而将摊位上的果酱品种减少到只有 6 种时，驻足的人群也会减少至 40%。但是，在最终售出果酱这个问题上，却发生了戏剧性的逆转：在光顾摆有 24 种果酱摊的顾客中，最终只有 3% 的人掏钱，而在只陈列 6 种果酱的摊位前，有 30% 的人为果酱打开了荷包。

　　这个试验表明：选择太多反而不好。因为随着选择数量的增加，人们在潜意识中会认为选择错误的风险也在随之增加，这促使他们不愿意做出任何决定。有些人倒是想做出决定，不怕风险，但因为头脑已经被太多的"这个、那个"填满，处于"选择超载"状态，从而为之精疲力竭，导致选择错误。

　　据此，亚格尔教授对世人提出忠告：一项产品，一般来说有 3 种款

尽管去做，别辜负成功的另一种可能

式就能满足所有顾客的需求；而一个人，最好把所有精力都用在一项事业上。那些又想从政又想经商又想炒股又想当明星的人，终究只会一事无成。因为有得必有失，什么都想得到，就什么也得不到。所以说，选择太多相当于没有选择。

哲学上有一个经典的故事，大致是这样的：

有一位哲学家颇有人望，他居住在一个小山村，当地的村民都很尊敬他。哲学家养了一头驴，村民经常送来一些新鲜的青草，每次都是一堆，那头驴每次都吃得开开心心。某日，哲学家要出远门，村民又送来了新鲜的青草，但和以前不一样，这次是两堆。因为村民想，哲学家要出远门，不知道什么时候回来，所以就把青草分两堆堆放，希望哲学家的驴吃完一堆，再吃另外一堆，时间可以维持长些。多日后，哲学家回来了，却发现驴死了，青草却好好地堆在那里，已成干草。这是为什么呢？原来，之前只有一堆青草时，驴不需要选择，直接开吃就行了。而面对两堆青草，驴产生了犹豫心理，不知道先吃哪一堆好，于是它在两堆青草中来回走，最后，居然饿死在草堆旁。

现实生活中自然不会有这样的驴，哲学家们编出这种故事是为了影射现实生活中的人。但这样的事情其实发生得很频繁，大到一个企业在决策上左右不定，小到一个人无法确定生活方向。常有人说，有一块表知道现在几点，表多了反而不知道现在几点。其实工作也好，创业也好，都应该像谈恋爱，必须选择忠贞。忠于你内心的选择，勇敢地走，不看其他，你不仅是自己的表，也是别人眼中的表。

现实总是让人迷茫，对于有着多种选择的人来说尤其如此。但如果你知道自己最终要去哪里，就算站在十字路口上，选择也不是件难事。

人生就是一条路，起点在哪里，由不得我们选，有多少歧途，也不会听从我们安排，但我们可以选择终点，选好了终点，交通网再绵密，也迷惑不了我们的视线。这就好像我们站在陌生的地方向别人问路，首先要告诉别人自己想去哪里，这样人家才好给我们指路。

曾经有个学生问他的导师："我很想考研，但是现在有个条件非常好的实习单位想要我，这两件事有冲突，我该怎么选择？"导师没给他分析利弊，因为怎么选择都是既有利又有弊，学生自己也已经分析过了，如果他能做决定，就不必找导师了。导师于是反问学生："假设未来有一天，你过上了你想要的生活，那个生活是什么样子？你最终希望成为什么样子？"这个问题看似很玄，其实很接地气，人们千辛万苦地努力，不就是为了过上想要的生活吗？这个想要的生活必然少不了财富这个衡量标准，但更主要的是做什么，如果一个人知道自己真正想要做什么，那么选择也就不难了。而这位学生的愿望是成为一个受人尊敬的大学老师，于是很迅速地，他选择了考研。

上面的例子告诉我们：选择的纠结，其实质是困惑于眼前利益，而忘记了长远目标。如果一个人知道且时刻明白自己要去到哪里，也即知道终点，那么再多的霓虹灯也闪不花他的眼睛。

一般来说，遇到类似情况，可以遵循以下三个原则：

首先，利用排除法。前面讲过，凡事有利就有弊，在这里运用时，只看弊端，而不看好处。比如，我无法接受与一个爱我的人胜过爱我的钱的人共度一生，那么，无论对方条件多么好，多么倾国倾城，也是要排除的。选择职业与事业同样如此，比如我无法接受长期出差，无法接受一份没有成长空间的工作，那么就算对方给的钱再多，也要排除——事实上一个不能为员工提供成长空间的公司也不会给员工太高的薪水。创业也是如此，如果你宁肯失败也不能忍受平庸，那么你就赶紧去创业，哪怕条件还不成熟——你可以先从小事做起。

其次，关注终极价值。社会学家认为，价值分为工具价值与终极价值，工具价值是实现终极价值的手段，也往往阻碍终极价值的实现，比如说钱，它就属于典型的工具价值，我们希望多赚钱，不是为了一个数字的增加，而是为了满足自己的终极价值。但是，当我们忽略了终极价值的时候，钱越多，我们就会越迷茫。因为终极价值才是我们一生的追求，既然它是最后的归宿，那么就尽量不要远离它。

最后，摆脱人性的贪婪。人性是贪婪的，总是什么都想要，又什么都不想丢，对于那些纠结于什么东西该放弃什么东西该争取的所谓"艰难的选择"，其实是贪心作祟。对于这样的人，这里要提醒他们，必须明白任何选择都有机会成本，任何得到都必须以失去无数种选择为前提。鱼与熊掌不可兼得，兼得的结果注定是兼失。人性的贪婪还表现在人们做出决定后往往后悔，后悔自己选择的并不是太好，自己没选的才是最好的。但你若真的让他重新试试，他会更后悔。对于无论怎样都后悔的人，要试着反问自己：当初选这条路的好处是什么？现在好处还在不在？在，那为什么不开心？自己当初放弃那些路，原因又是什么？那些坏处还在不在？如果还在，庆幸还来不及，又怎么会后悔？当然，有些无药可救的人终究还是会后悔的。这样的人，不劝也罢。

3. 生命不能太负重，只有轻装上阵才可能成功

生命不能太负重，越是追求，就越是要随时随地放弃，因为有所放弃，才能有所获得。放不下，就永远跨不出那个坎。

佛经中有这样一个小故事：

有一次，佛祖讲道，有这样一个人，他在旅行时遇到了大洪水，他所处的河岸充满了危机，但彼岸非常安全。他想渡河，附近却无船也无桥，于是他便采集了一些干枯的树枝，扎了个简单的木筏，顺利登上了彼岸。上岸后，他想："这个筏子真是太有用了，这么丢了太可惜了，我不如背着它上路，以后再渡河就不用愁了……"佛祖认为，这个人的行为非常愚蠢，因为筏子是用来渡河的，不是用来背负的。正确的做法是把筏子拖到沙滩上，或者停泊在一个水流平静和缓的地方，然后继续行程。即使是好东西，也不能因它耽误我们的大好行程。

想想看，自己是不是在负筏而行？生命不能太负重，越是追求，就越是要随时随地放弃，因为有所放弃，才能有所获得。放不下，就永远跨不出那个坎。

万科老总王石曾经说过，自己几十年的人生经历，最让他记忆犹新的，不外乎三次放弃。第一次是1983年，当时他33岁，当过兵，也做过工人，还在政府机关工作过三年，有阅历、有勇气，也有信心。他放弃了自己的正式工作，来到了改革前沿——深圳，准备开创一番全新的

事业。此前，王石很想找个志同道合的人，便去找自己的一位老同学。这位老同学既有能力又有才智，王石很想和他一起创业。可是由于无法放弃既有的成绩，这位老同学最终没来。事隔多年，他才找到王石，问能不能加盟。第二次是在王石的生意已经非常红火之后，用王石自己的话说，当时他们一直是粗放式地赚着钱！如果要问万科当初都干些什么，只能用排除法，告诉人万科不干什么。简单来说，除了"黄赌毒"，万科不做的项目好像很少。1988年，王石开始了人生中的第二次放弃。当年12月28日，万科股份成功上市，王石却在公司上市的同时宣布放弃自己的个人股份！时至今日，这些股份的价值无可估量。然而王石说："很多人都会问起我当初的决定。我始终要说的是，我从来没有认为自己做错了。我承认，来深圳创业最初的动机的确是为了淘金。但是有一天，当我突然面对着巨大的财富时，我真的有些不知所措，也没有安全感。国人向来是'不患寡而患不均'，钱太多弄不好会招来祸害。既然名利之间只能选择其一，或者默默地赚钱，或者两袖清风地做一番事业，我选择后者。"1993年，王石又带领万科进行了第三次放弃，砍掉了很多正在赢利的项目，专注于做房地产业。今时今日，万科早已成为当之无愧的地产领头羊。回首当年，王石说："当时，万科不做其他项目，却专注于房地产，是下了一番狠心的！可以说，这是我人生中面对的第三次放弃。因为当时国家进行了宏观调控，房地产市场的大环境并不乐观，同时我们还要放弃其他可能带来大利润的项目，这需要很大的魄力。"

王石的轨迹，足以说明什么叫作"放弃是为了更好地拥有"。我们做人，必须学习这种有所坚持、有所放弃的精神。当然，就像王石所说，放弃需要魄力，不管是放弃好东西，还是坏东西。生活中，不少人没能做到王石那般潇洒，但他们不舍得放弃一些既有成绩，也无可厚非。相对来说，那些为不该继续坚持并纠结其中的事情而坚持的人更应该清醒。有些事，明知道是错的，还要去坚持，那是因为不甘心；有些路，明知道已经没有希望了，却还在前行，也只是因为习惯了。诚然，放弃令人痛苦，尤其是在我们付出了极大的努力之后。但是坚持下去更不行，除非事情出现了转机，否则早晚都得被迫放弃。到了那一步，除了多浪费了一些时间、死得更惨一些之外，恐怕还会失去东山再起的机会和能力。所谓长痛不如短痛，说的就是这个道理。站在"时间就是生命"的角度，放弃未尝不是一种成功。因为及早地放弃，可以让你腾出精力，及时去做更有意义、更有价值的事情。

成功学大师拿破仑·希尔认为，如果一开始没成功，再试一次，仍不成功的话，就应该放弃，愚蠢的坚持毫无益处。诺贝尔奖得主莱纳斯·波林则说："一个好的研究者，必须知道哪些构想应该发挥，哪些构想应该丢弃，否则他就会把大把的时间浪费在那些差劲的构想上。"然而，生活中人们却总是忽视这一点，虽然很多人都把"拿得起放得下"挂在嘴边，但事到临头，面临抉择时大多数人却往往会盲目地相信"坚持就是胜利"，殊不知此时所谓的坚持，其实质则是人们的侥幸心理。人生不是赌博，明知胜利无望偏要寄希望于奇迹，为什么还要把自己往绝路上逼呢？要知道，放弃并不是世界末日，理智地放弃只不过是让你把拳头收回来，准备下一次出击而已。

放弃是一种超脱，也是一种实用的技术。电影《卧虎藏龙》里有一句经典台词：当你紧握双手，里面什么也没有；当你打开双手，世界就在你手中。人生一世，紧握拳头而来，平摊双手而去，很多东西，不能用手拿，而要用心装。鱼和熊掌都能兼得的时候不是没有，但是很少。

尽管去做，别辜负成功的另一种可能

恰如蝌蚪若总是留恋自己的尾巴便始终长不成自由跳跃的青蛙，做人应该打开双手，该放弃的就坦然放弃，而无论放弃后面是不是连接着回报。总是谈回报，是境界不够的表现。大境界才有大成功。

哲人说，放弃该放弃的是无奈，放弃不该放弃的是无能，不放弃该放弃的是无知，不放弃不该放弃的是无畏。生活需要执着，也需要豁达。生活有时候需要坚持，但不需要太多无谓的执着。放弃是为了成全幸福。智者曰：两弊相衡取其轻，两利相权取其重。放弃有时候是一种清醒，学会放弃，才能卸下人生的种种包袱，轻装上阵，走过风风雨雨，快速到达目的地。

人们之所以放不开、放不下，所缺的仅仅是一种豁达的心态和自信的勇气。当一个人懂得放弃并有所放弃的时候，就意味着他已经成熟了，就意味着开始走向成功。勇于坚持，更要敢于放弃，因为放弃不是失败，只是暂时中止成功。懂得放弃，才能有更美好的未来。在坚持无益的情况下，敢于放弃，抓紧时间，开始新的征程，才是最明智的选择。

4. 人生之路不可能始终笔直，转机将会在转弯处等你

条条大道通罗马，水流千遭归大海。我们应当牢记：生活绝不仅仅是一条道路，更不是一条单行线，当前方道路不畅时，应该学会转弯，选择一条新的道路。

《南宋文录》是一部清朝人编的古籍，这部书中有一个寓言，讲到大海之中有一种鱼名叫马嘉鱼，这种鱼有银色的皮肤、燕尾式的尾巴、大大的眼睛，大的有周岁婴儿那么大。其肉用火熏烤，香味可以传到很远的地方，说白了——很好吃。但它们总是潜在深水里，不易捕捉，只在春夏之交繁殖期时才游到浅水处，这个时候渔民就布设帘网捕捉它们。帘网是用竹子做成的，网格非常稀疏，大小在成年马嘉鱼能挤过头部但不能挤过身体最宽处的样子。帘网做成后，下端会系上铁块，放入水中，由两只小艇拖着，拦截鱼群。很多外行，包括外地的渔民，对当地人这种捕鱼方式都深感不可思议：三面都敞开，孔眼又那么大……然而渔民们却总是能将马嘉鱼一船船地拖回港口，这是为什么呢？原来，马嘉鱼的脾气特大，当遇到阻拦的时候，它们不会转弯，而是越受阻越往前冲，所以一条条"前赴后继"地陷入网孔中，所有的网孔随之紧缩。网孔愈小，马嘉鱼就愈是愤怒，更加拼命地往前冲，结果一条条"坚强"的马嘉鱼都被网孔牢牢地卡死，为渔人所获。

海中是否真有马嘉鱼，至少笔者在引用这个故事前在网上搜索了一

尽管去做，别辜负成功的另一种可能

番，但没有找到有说服力的答案。也就是说，我们最好把它当寓言来看，仅看它的寓意。其实，马嘉鱼可以作为我们人生中的一面镜子，每个人都难免遇到障碍，那些希望做大事业的人遇到的障碍会更多，走入死胡同也在所难免。碰到这种情况，我们不能像寓言中的马嘉鱼那样，一味猛冲，最终沦为障碍的牺牲品。我想，现实世界中是不会有马嘉鱼这样的鱼的，即便有，人也要以它为鉴，要学会调整思维，掉转车头，必要时还要退着走几步。

物竞天择，适者生存。人生之路，不可能始终笔直，有时遇到蜿蜒曲折在所难免，适时转弯是必不可缺的，或者该退一步时不可不退却。前进需要勇气，转弯或退却需要智慧。有时"退一步，海阔天空"，有时也唯有转弯才会迎来转机。

交通标语说得好：此路不通，请绕行！喜悦每每在生命转弯的地方。人转弯，事情才有转机。不看清所处的环境和形势，一味往前冲，莽撞而行，受伤害的只能是自己。前面可能确实没有路了，但我们总有其他路，不要自我封闭回环的余地。

古语也说，条条大道通罗马，水流千遭归大海。我们应当牢记：生活绝不仅仅是一条道路，更不是一条单行线，当前方道路不畅时，应该学会转弯，选择一条新的道路。俗语亦说，"兵来将挡，水来土掩"，再大的障碍也不是障碍，什么问题都会迎刃而解。当然，在此之前，我们首先要突破内心的障碍。

曾经在《意林》杂志中读到过下面这样一个小故事。

有位大师走在路上，见一个老者在路旁边哭泣，便问他所为何事？老人说："我这些年，省吃俭用，全力供养我儿考取功名，可儿子不争气，屡试不第。去年又去赶考，不想路遇劫匪，抢光了他的盘缠，幸遇一位卖瓜子的老头儿救了他。我希望儿子不折不挠，重拾信心，可他却贪图安逸，和那老头儿的女儿结为夫妻，跟着他们父女干起了卖瓜子的生意。这个不争气的家伙，我的辛苦和他十几年寒窗苦读，就这样白白放弃了……"

大师默默听完，开口问："您为什么非要你儿子考取功名？"

老者叹口气说："当年那是我的梦想啊，可我从小考到老始终不第，最终只是个秀才，我就希望我儿能继承我志，完成我的心愿。可他，如此不争气，唉！"

大师又问："您这一生过得如何？"

"说不上幸福啊。我是一个秀才，赚不了多少钱，但从来没亏过我儿子，我和老伴儿一年四季吃不上一顿肉，全供我儿考学，可到头来……"

"那您儿子现在生活如何？"

"这个嘛——他考取功名不行，可还算经营有道，生活有了些积蓄，前些日还回家孝敬了我一些银两，我苦劝他再读，可他说什么也不听。这不，刚才又走了，我想追都追不上。"

"走得好！"大师高声说道。

老者一惊，转而气愤地说："大师怎么说话呢？"

"你坚持让儿子考取功名，为的是什么？难道你想让他像你一样？此路不通，赶紧拐弯啊！不然，你的今天就是他的明天。"大师说完，飘然而去。

现实生活中不乏类似的人，有些人好了，有些人倒了，好了的是前面提过多次的新东方教育集团创始人俞敏洪，他连续考了三年才考上北大；倒了的是南方某省一个姓邵的老爷子，据某报报道，邵老爷子因为

尽管去做，别辜负成功的另一种可能

122

历史的原因在年轻时失去了上大学的机会。近年政府取消高考的年龄限制后，邵老爷子为圆自己的大学梦，屡次报名参加高考。年逾花甲，精力有限，再加基础也不太好，他不仅多次未通过高考，反倒累出了一身病。就是在病中，邵老爷子还在为高考温习呢！

年轻人也不能一味执着。执着是优点，也是缺点。执着的人，一般都比较有毅力、有耐心，耐得住寂寞、受得了委屈，敢担当、敢挑战，但执着的人也最容易犯"一根筋"的毛病。其实，钻什么都行，千万不要钻牛角尖。有时候，只需换个角度看问题，换种方式思考问题，就能找到解决问题的方法。

很多年前，中国有个青年农民，他为了实现自己当作家的夙愿，十年如一日的坚持写作，却始终没有一篇文章被报刊采纳，而且连一封退稿信都没有收到过。29岁那年，他总算收到了第一封退稿信。那位编辑在信中写道："看得出你是一个很努力的青年，但我不得不遗憾地告诉你，你的知识面过于狭窄，生活经历也显得过于苍白。但我从你多年的来稿中发现，你的钢笔字越来越出色……"就是这封退稿信，点醒了他的困惑。他毅然放弃写作，转而练起了书法，果然长进很快。现在，他已是有名的硬笔书法家，他的名字叫张文举。成功之后的他向记者感叹："一个人要想成功，理想、勇气、毅力固然重要，但更重要的是，在人生路上要懂得舍弃，更要懂得转弯！"

著名漫画家朱德庸说过："我相信，人和动物是一样的，每个人都有自己的天赋。比如老虎有锋利的牙齿，兔子有高超的奔跑、弹跳能力，所以它们能在大自然中生存下来。人也是一样的，不过很多人在成长过程中把自己的天赋忘了，就像有的人被迫当了医生，他可能是怕血的，那他不会快乐，更不会成功。人们都希望成为'老虎'，但很多人只能成为'兔子'，久而久之就成了'四不像'。我们为什么放着很优秀的兔子不当，非得要当很烂的老虎呢？社会就是这么奇怪，本来兔子有兔子的本能，狮子有狮子的本能，但是社会强迫所有的人都去做'狮子'，结果出来一大批烂'狮子'。我还好，天赋或者说本能没有被掐死。"

类似的例子还有很多，比如先学钢琴后学哲学的马克思、先学钢琴后学政治的赖斯、先学文学后学生物学的达尔文、先经商后学文学的巴尔扎克等。他们的成功路，都说明了执着有时候会成就成功，有时候也会扼杀成功。此路不通，要及时绕行，绝不能在死胡同里浪费时间。

尽管去做，别辜负成功的另一种可能

5. 人生如雕塑，有加有减才有美好生活

人生无时无刻不进行着加减法，增加的同时也在减少，减少的同时也在增加。加什么，减什么，要慎重，也要潇洒。不顾一切地加，只会让自己大腹便便而步履沉重；盲目轻率地减，只会让自己瘦骨嶙峋而不堪一击。

据说有一次，某跨国公司在招聘时给每个应聘者提了这样一个问题：

在一个风雨交加的晚上，你开着一辆车经过一个车站，车站上有 3 个人正在等公共汽车，非常希望能够搭你的车。其中一位是医生，曾经救过你的命；一位是美女，像极了你的梦中情人；还有一位是个老人，由于等车时间太久，老人心脏病突发，必须立即送往医院。但是你的车上只能坐一个人，这时候你应该怎么办？并说明理由。

大多数应聘者都选择了让老人上车——因为老人快要死了，救人要紧。

一部分感恩型的应聘者认为，应该让医生上车，因为他救过自己，这可是报答他的好机会。

也有人提出让美女上车，他们的理由是：医生可以改日再报答，生病的老人可以由其他人送往医院，美女却可遇而不可求，所以不能错过这个机会。

面对招聘者，应聘者们侃侃而谈，据理力争。但是最终却只有一位年轻人被录取。他只说了三句话——把车钥匙给医生，让他带老人去医院，我留下来陪梦中情人等公交车。

不得不承认这是最好的答案。那么大多数人为什么没有想到呢？关键就在于，他们从一开始就没有考虑过放弃自己的车钥匙，只是想着在现有的基础上能否再获得些什么。

应该说，这并不是什么缺点，而是人性使然。但获得、拥有就一定是好事吗？也未必。某哲人说过："有两种选择是一种痛苦，有多种选择则是一种折磨。比如很多女性都会为穿哪件衣服上街头疼，但她们头疼的并不是没有衣服，而是因为衣服太多，多到了她们不知道穿哪件不穿哪件。"女人的衣柜里永远少一件衣服，男人的钱包里则永远少一些大额纸币，而企业家的发展规划中则永远少一些项目。做加法，是必要的，但人生不能只做加法。

艺术家在雕塑时，总是不断往雕像上添加材料，使之丰满，而后又不断削减去不必要的地方，使之形显。如果不慎又减多了，还要再加上些，反之亦然。加加减减，减减加加，最终才有美轮美奂的作品问世。雕塑如此，人生也当如是，有加有减，才能塑造美好生活。

人生的加法，不是简单地获取，而是积极地提升。人生的减法，不是盲目地抛弃，而是理智地放下。人生的加法，给我们加入智慧的光芒，加入品格的力量，加入财富的积累，加入情意的温馨，使人生更加丰盈。人生的减法，为我们减去多余的欲望，减去心灵的负担，减去环境的纷扰，合理安排人生的进退取舍，使人生更健康。如果说人生的加法是一种成长，那么人生的减法就是一种成熟。如果说生命是一辆自行车，加法与减法就是两个轮子，不可或缺。加减并用，两个轮子齐转，生命之旅才会风光无限。

南怀瑾老先生说过："宇宙的道理不过是一加一减，人生需要做加法，也要做减法。"著名文化学者于丹也说过："大家都乐意做'加法'，不断地给自己的生活加分，比如积累知识、积累财富、积累人脉，等等，而不善于也拒绝做'减法'，使生活的过程变得非常沉重，非常累。其实人生的最高境界是'花未全开月未圆'，不要去苛求尽善尽美，要舍弃一些东西，给心灵一点空间，给人生一些思考的余地……人一般最先加的东西都是物质的、欲望的，这些东西多了，别的东西就少了。要把它掏一点出来，加一些文明的、文化的、艺术的、思想的进去。满了以后，再掏一点出来，加一点灵性的、体验的、境界的东西进去。如果一个人有物质、欲望的层次，有文明的、文化的层次，还有灵性的、境界的层次，这就是一个完整的人。"

人生无时无刻不进行着加减法，增加的同时也在减少，减少的同时也在增加。加什么，减什么，要慎重，也要潇洒。不顾一切地加，只会让自己大腹便便而步履沉重；盲目轻率地减，只会让自己瘦骨嶙峋而不堪一击。聪明的人不断加上知识、加上技能、加上希望、加上理想；减去痛苦、减去疑惑、减去抱怨、减去无聊。愚蠢的人恰恰相反，加上的东西，变成了负担，减掉的东西，成为遗憾；甚至不知道该减什么，也不知道该加什么。

钱钟书说，我们应该加淡泊，减名利。笔者十分同意。如果不是这份对名与利的满不在乎，他能潜心埋首在他的学术研究中？恰如古人所说，非淡泊无以明志，非宁静无以致远。如果一个人为名为利蝇营狗苟、卑躬屈膝、仰人鼻息，即使能取得世俗意义上的成功，又是多么辛酸的成功啊！当然，这样的人一开始应该明白，成功不一定要仰人鼻息。

史铁生说，我们应该加知足，减抱怨。史铁生曾在《病隙碎笔》中写道，生病的时候才知道不生病的感觉是多么的幸福，咳嗽的时候才知道不咳嗽的嗓子是多么的舒服。人要懂得感恩、晓得知足，当然，在某些方面也要知不足，比如学习。不要太在意眼前的不如意，放大苦难，苦难只会把你压倒。冲破苦难，才能把苦难踩在脚下，踏出成功的步伐。

菲尔普斯说，我们应该加拼搏，减懒惰。很多人只看到他在各届奥运会上夺七金、八金的神话，却忽略了他平日里苦练的艰辛。在他看来，一个小时的懈怠，三个小时可能也弥补不回来。他反复证明着我们反复咀嚼的那句古语——天道酬勤。人生能有几回搏？让我们加一份拼搏，加一份坚持，加一份顽强，我们的理想就不会成为空想，我们的目标就不会成为别人的路标。

老子说，"为学日增，为道日损"。为学日增，就是说做学问，是一个每天增加知识、天天向上的过程，而且知道得越多越好；而为道日损，就是说修道也即寻找人生真谛的过程，恰恰与求知的过程相反，知道得越少越好，是一个自减的过程。什么是人生的真谛呢？就是自然地活着。但这并不是随口胡说，而是有其出处。老子说："人法地，地法天，天法道，道法自然。"这个逻辑是不是有点绕，你直接地说人应该效法自然不就得了嘛！那么"自然"又是什么呢？当然可以理解为我们常说的"顺其自然"的自然，不过也有学者提出了更进一步的解释，即认为"自然"是个合成词，"自"，是指"自在的本身"，"然"，是指"当然如此"的意思。换言之，道就是自然，自然便是道，它根本不需要效法谁。具体到我们个人而言，那就是做回那个最初的自己，努力工

尽管去做，别辜负成功的另一种可能

作，快乐生活。不要把工作当成生活，也不要只有生活没有工作，在工作生活中要把那些后天习得的困扰我们的知识、习惯、心计等等，一点一点减去、忘掉，至少不是时时刻刻记在心里，即"为道日损"。

加法也好，减法也罢，都是相对而言的。人生下来时，空空如也，白纸一张，所有的一切都是别人和自己加上去的，包括知识、财富、经验、体验等等。这个过程是个成长的过程，这个加法是必须得做的，如果不做加法，也根本谈不上什么减法，这也正是老子为什么要把"为学日增，为道日损"两句话放到一起说的缘故。

第六章
过往不恋，你追求的是明媚的明天

尽 管 去 做 ， 别 辜 负 成 功 的 另 一 种 可 能

每个人都是不完美的，过去了的
事，我们都没必要再去惦记着，因为
我们的最终目标是追求梦想，我们追
求的是明媚的明天，没有必要"为打
碎的花瓶而哭泣"。

1. 当你为失去太阳而流泪时，群星已悄然失去

乔治说："我这一生都在关我身后的门。这是我必须做的事。你知道吗？当你关上门的时候，也就把过去的一切都留在了后面，不管是美好的成就，还是让人懊恼的失误。然后，你才可以重新开始，大步向前。"

有一次，一位朋友帮我在一个排版软件中处理一些文字，由于他的电脑水平远逊于他的人品，他犯下了一个不可饶恕的错误——把一个非常重要的段落删掉了。我指着那个错误说，你再辛苦辛苦，把它敲打上去。朋友说，敲上去？我连续按后悔键不就得了？我说这你就有所不知了，这个软件跟我们平时用的 Word 不一样，只能后悔一步，不能连续后悔。朋友懊恼之余忽生感慨：我们的人生何尝不是如此——没有后悔键，没有后悔药！

的确，人生没有后悔键，因为人生不是设定好的程序。不过，好在人生恰如电脑，至少在大多数时候还可以后悔一步，而不是动辄让人一失足成千古恨。我们看一些影视作品及文学作品，也包括在现实生活中，有些人走在恶的路上，上天会不断提醒，不断给他警示和惩戒，而往往不是一棒子把他打死，但是有些人自己不知悔改，最终走上了绝路。类似的道理其实也适用于事业，当我们的事业走进了死胡同，就应该及时悔悟，另辟新路。

生活中，人们习惯于感慨和抱怨那些失去的机会和曾经的失意、失误乃至失足，动辄"如果当初我不那样做就好了""如果当初我那样选择就不是今天这个样子了"，这摆明了是跟自己过不去，不给未来机会。人非圣贤，孰能无过？已经过去的事情，就不要再说什么如果、假如了。我们最需要的，是知耻而后勇，是"而今迈步从头越"。

我们来看下面这样一个真实的故事。

20 多年前，在美国新泽西州的一所小学里，有一个特殊的班级，班里共有 26 个孩子，他们都曾经失足，有的吸过毒，甚至进过少管所，家长、老师和校长都想放弃他们，因此把他们安排到了一起。可是与此同时，却有一位名叫菲拉的女教师主动要求接管他们。

第一堂课，菲拉没有像其他老师那样向孩子们重申课堂纪律、要好好学习等，而是给大家出了一道选择题，题目如下：

根据你的判断，在下列三位候选人当中，选出一位能够造福人类的人。

A. 他笃信巫医，有两个情妇，有多年的吸烟史，嗜酒如命

B. 他曾经两次被赶出"办公室"，每天要到中午才肯起床，每晚都要喝掉大约一公升的白兰地

C. 他曾经是国家的战斗英雄，一直保持着素食的习惯，从不吸烟，偶尔喝一点啤酒，年轻时从未做过违法的事情

结果孩子们都选择了 C。但是菲拉老师的答案却让他们大吃一惊，因为他们认为最可能造福人类的那个人恰恰是法西斯恶魔希特勒，而 A 则是担任过四届美国总统的罗斯福，B 则是英国历史上最著名的首相丘吉尔！

菲拉语重心长地说："孩子们，别为打翻的牛奶哭泣！你们的人生

才刚刚开始，过去的荣誉和耻辱只代表过去，真正能代表一个人一生的，是他的现在和将来的作为。从现在开始，只要努力，你们都将成为不起的人！"

菲拉老师的话改变了那些孩子的命运，其中就有今天华尔街最成功的基金经理人罗伯特·哈里森。

的确，过去的一切只代表过去，而且已经过去，无可挽回。真正重要的，是把握好现在和未来。更何况我们大多数人都不曾有过上述故事中的失足，让我们无法释怀的过去，不过是一些错误的决定、不当的做法而已。为它们自责连连，想想是不是更加不值？

笔者的老家有句俗话：早知道尿炕就在筛子里睡觉了。与之类似，不知炕为何物的英国人也有一句俗谚：别为打翻的牛奶哭泣。人生免不了失意，事业免不了挫折，如果能够避免，那就尽量避免，如果已经发生，那么不要后悔。

世上没有后悔药，也没有后悔键，但有删除键。人要从失败中汲取教训，也要学会删除那些有可能影响自己继续前行的痛苦记忆。

人生并非不允许输，人也不可能避免失败，做人，只需尽量避免满盘皆输。对于那些小小的失败，甚至仅仅是一些难免的不快，大可不必放在心上。《世说新语》中有一个"破甑不顾"的典故，讲的是东汉人孟敏年轻时客居太原，某天，他去赶集时，买了个烧饭用的陶甑，回家路上不小心，甑掉在地上，"咣当"一声摔破了。换作一般人，肯定会惋惜、懊恼，但孟敏连头都没回便泰然而去，仿佛摔的那个甑根本就不是他的。恰好他背后有一个名叫郭泰的大学者，看见了此事，郭泰赶上前去，礼貌地问："好好一个甑，这样摔破了，你怎么看都不看一眼？"孟敏说："甑已经破了，还回头看它，又有什么用呢？"郭泰一听，觉得

尽管去做，别辜负成功的另一种可能

134

这个年轻人非同一般，便劝他去游学。10 年之后，孟敏便名闻天下，后来还位列三公。

人要学会跟往事绝交，特别是那些不爽、不幸的往事。季羡林老爷子曾经说过，如果一个人没有"遗忘"这个本能，那么痛苦就会时时刻刻都新鲜生动，时时刻刻像初产生时那样剧烈残酷地折磨着他。这是任何人都无法忍受下去的。所以，我们要学会忘记。忘记就是刷新。当然，有些人记忆力强，实在忘不了，那也没关系，只要做到尽量不往回看就行了。

《圣经》中有一个"诺亚方舟"的故事。

上帝用 6 天时间创造了万物和人类，并为人类的祖先亚当和夏娃建了一座天堂般的园子——伊甸园。上帝嘱咐二人，你们可以吃这里面所有的果实，唯独善恶树上的果子你们不可以吃。但后来，二人在蛇的诱惑下偷吃了禁果，被上帝逐出了伊甸园。亚当活了 930 岁，他和夏娃的子女无数，逐渐遍布整个大地。但自从他们的长子该隐诛杀了亲弟弟之后，人类便拉开了罪恶的序幕。上帝看到这些事以后非常后悔，决定发动洪水毁掉人类。但他有个虔诚的信徒——诺亚，上帝想让他活下来，便让他准备一条方舟，并把世上所有的生物都放一对在舟内，嘱咐他 2 月 17 日那一天驾舟逃生，并一再告诫他逃的时候绝对不可以回头看村庄。谁知在逃跑途中，诺亚的妻子忍不住回头看了一眼，立即化作石像。诺亚和三个儿子、儿媳跑进了方舟。一声巨响之后，所有的海洋泉源都裂开了，大水四处泛滥，淹没了一切……

这个故事告诫各位：不管上帝多么无情，不管过去有多么痛苦，都已成为历史，既然已经过去，已无法改变，就不要再回头看了。否则，我们的现状和未来就会变得像石像般僵硬。

英国前首相劳合·乔治就深谙此道。他有一个很奇怪的习惯——随手关上身后的门。有一次，他和朋友在府邸中散步，他们每过一道门，乔治总是随手把门关上。朋友不解："你有必要把它们都关上吗？""哦，当然有。"乔治微笑着说，"我这一生都在关我身后的门。这是我必须做的事。你知道吗？当你关上门的时候，也就把过去的一切都留在了后面，不管是美好的成就，还是让人懊恼的失误。然后，你才可以重新开始，大步向前。"

没错，只有往前看，才能看到希望。总是背负过去，纠结于既定的伤悲，我们除了错失当下，还会痛失未来。这恰如泰戈尔所说："当你为失去太阳而流泪时，群星也正在悄然失去！"俗话说，上帝为人类关上一扇门，同时也会打开一扇窗。能不能看到那扇窗在哪里，这需要大智慧，也离不开好心态。

尽管去做，别辜负成功的另一种可能

2. 别让过去过不去，你活好今朝比什么都重要

过去的就应该让它过去，只有老人才活在老黄历中，年轻人应该憧憬未来，活得有朝气、有动力、有活力。昨天的成绩决定不了永远，告别昨天，珍视今天，把握明天，才是明智之举。

《剑雨》是近些年不可多得的一部武侠影片，监制吴宇森除了向人们展示了他一贯诗化的暴力美学外，更多的是带给人们一种人性的深层次思考，一种禅的意境——而且这个意境表现得非常明显，台词中直接就有不少禅语。如片中的老禅师对杀人无数的杀手细雨说："过去心不可得，现在心不可得，未来心不可得……死者乃为生者开眼……"其中"过去心不可得，现在心不可得，未来心不可得"出自《金刚经》，很多人不能理解：过去心不可得，这可以理解，过去已逝嘛；未来心不可得，也可以理解，毕竟未来还没来；但怎么现在心也不可得呢？其实，所谓"现在心不可得"一方面可以理解为时间飞逝，一切都在变化中，一瞬间，现在已成为过去；另一方面可以理解为你虽然拥有现在，但你活在纠结中，纠结于过去，活在痛苦的记忆中不能自拔。说白了，老禅师是想告诉细雨：过去的错误已经铸成，懊恼悔恨也没有用，要汲取过去的教训，好好把握现在的生活，想做什么就做什么吧！

闻名世界的乔布斯也是个禅道中人，他最主要的成功特质之一就是不纠结于错误。他的老伙伴计算机大师史蒂夫·卡普斯回忆道："乔布

斯是苹果公司无数硬件、软件和设计的最终仲裁者，但人们大多只知道乔布斯有独断的作风，而不知道他在果敢的同时也很灵活，如果犯了错误，他会果断地承认，然后迅速转向，绝不纠结自己的错误。我认为这是他成功的原因。"

我们来谈谈生活与工作，毕竟"禅"这种东西只可意会不可言传。

美国著名企业家、教育家卡耐基在《人性的弱点》一书中讲述，他的事业刚刚起步时，曾经试着在密苏里州开办过一个成人教育班，成功后，他又迅速地在全国开设了许多分部，由于他缺乏经验，又不懂财务管理，结果数个月过去后，他没有从中得到任何回报。虽说侥幸没赔什么钱，但卡耐基还是很苦恼。他不断地抱怨自己，无法走出这种不良状态。后来，卡耐基偶遇他的老师乔治·约翰逊，老师得知卡耐基的遭遇后，劝解他说："是的，牛奶被打翻了、漏光了，怎么办？是看着被打翻的牛奶哭泣，还是去做点别的？记住，被打翻的牛奶已成事实，不可能重新装回到瓶中，我们唯一能做的，就是吸取教训，然后忘掉这些不愉快。"老师的话如醍醐灌顶，卡耐基的苦恼顿时不翼而飞，人也变得振奋起来，重新投入到了自己热爱的事业中，最终成为享誉全美的成功学大师。

戴尔·卡耐基还在书中谈到了自己姑妈一家的失败生活。他写道：

我的姑妈伊迪丝和姑父弗兰克住在一栋被抵押的农庄里。那里的土质很坏，灌溉条件又差，收成也不好。他们的日子很艰难，每一个小钱都得省着用。可是伊迪丝姑妈却喜欢买一些窗帘和小饰物来装饰她的穷家，她曾向密苏里州马利维里的一家小杂货店赊过这些东西。姑父弗兰克很担心他们的债务，而且不愿意欠债，所以他私下里告诉杂货店老板，不让他赊东西给我姑妈。我姑妈听说以后，怒气冲天——虽然这件

尽管去做，别辜负成功的另一种可能

事已经过去了将近50年，可直到现在她还在大发脾气。我曾经不止一次地听她说起这件事。我最后一次见到她时，她将近80岁了。我对她说："伊迪丝姑妈，弗兰克姑父这样羞辱你确实不对；可是你有没有觉得，自从那件事发生之后，你差不多埋怨了半个世纪，是不是有点过分呢？"

用卡耐基的话说，他的姑妈为那些不愉快的记忆付出的代价实在太大了，她付出的是她自己内心的平静，也让姑父弗兰克一辈子处在烦扰之中——他不可能只犯一件"错误"，这样一个男人怎么能干成大事呢？每个成功男人后面都有一个伟大的女性嘛！

哲学上有一个"奥卡姆剃刀定律"，简单说来就是我们在处理事情时，不要把事情人为地复杂化，而是要将那些无关紧要的细枝末节乃至累赘，予以无情地"剃除"，往昔不快的记忆无疑属于此列。当然，就算往事令人陶醉，也不要太过留恋，毕竟，好汉不提当年勇，过去的就应该让它过去，只有老人才活在老黄历中，年轻人应该憧憬未来，活得有朝气、有动力、有活力。昨天的成绩决定不了永远，告别昨天、珍视今天、把握明天，才是明智之举。

曾国藩的名言"未来不迎，过往不念，当下不乱"最近被炒得很火，我们在章题中顺便把它用上了，但是曾国藩也分成熟之前与成熟之后的曾国藩。"未来不迎，过往不念，当下不乱"这三句话是说，对于那些已经过去的事情，不要过于留恋，也不要纠结；现在做的事情要清晰、有条理，不要想这想那；那些将来可能发生的事情，还没有到眼前，也不要着急处理。但早先的曾国藩远未达到这种程度，咸丰四年，他生平第一次指挥战役，结果在长沙靖港被太平军打得落花流水。在此之前，曾国藩对他建立的装备有西洋火炮的湘军是很有信心的，但一败之下，他又羞又气，当场要投水自杀，幸好被左右救起。被救后，曾国藩仍不消停，口口声声说要再死一次，幕僚与左右只好轮班看护，并及时给曾国藩的好友左宗棠报信。左宗棠闻讯马上从长沙赶来，只见曾国藩呆坐在房中，身上还穿着投河那天的脏衣裤，污泥满身，不言不语，直把左宗棠笑得前仰后合，并开玩笑说曾国藩"好像猪子"，最后好说歹说，才算挽回了曾国藩的赴死之心。无疑，曾国藩后来成就了大事业，但在熟读他成功后的名言——"未来不迎，过往不念，当下不乱"的同时，顺便温习温习他这段失败的历史，无疑能给人更深的体会。

尽管去做，别辜负成功的另一种可能

3. 今天的事情今天做，明天的事情明天再说

明天永远都是个未知数。为未知的明天而烦恼，只会使原本快乐的今天也不快乐。为可能的失败而忧虑，只会让你前行的脚步变得不坚定。退一步讲，即便明天注定要悲伤，我们也没有必要提前为悲伤埋单。

先讲个小笑话：

小王是个典型的忧虑狂，对未来充满悲观，整日担心这担心那。有一天，朋友小张居然见小王很反常地吹起了口哨，满面阳光，以往所有的忧虑都已抛诸九霄云外。

小张好奇地问："小王，你是不是看心理医生了？不然怎么一副无忧无虑的样子？"

"看什么心理医生！"小王解释说，"我请了个人替我担忧，所以我自己就轻松了。"

"哦？这倒是个好办法！不过得花多少钱呢？"

"每周一万块。"

"一星期一万块？你怎么可能有那么多钱给他？"

"这不是我的事——让他去忧虑吧！"

找个人替你忧虑，这种事当然只能是个玩笑。不过，有些忧虑确实应该交给别人——神，或者老天。《圣经》中就是这么说的。在《彼得

前书》中，上帝鼓励人们把一切忧虑交托给神，不必花一分钱，神也愿意白白替人们担当。中国也有"尽人事，听天命"的古训，这六个字简单说来，就是要我们做事情时一定尽心尽力，但最终能否成功，某些程度上还得听老天爷的，"谋事在人，成事在天"嘛！乍听起来，这话有些消极，实际上并不如此，它非但不消极，反而隐含着巨大的正能量。

这是一种超脱的思想。人生充满逆境，逆袭并不容易，没点超脱精神，人往往会被现实击垮、逼疯。另外，哲学家告诉我们，人只要对未来可能出现的后果做好心理准备，那么再大的痛苦都可以接受。相反，如果没有准备，未来即使出现好结果，也有可能导致悲剧。当然，超脱说到底是为了改善现实，而超脱能为我们改善现实提供必要的好情绪、体力和精力。这恰如领航资本董事总经理杨镭所说："超脱决定了我的成功。从上高中后，我就再没有失眠过。不管遇到什么事，明天有什么事，只要一回房间，我都能一觉睡到天亮。我会尽所有能力去做一件事，即使不成功，也不会沮丧。在生活中，我95%的时间处于高兴的状态。"

就事论事，一个人95%的时间处于高兴状态，并不能同成功画等号，有些精神病患者全天都高兴；不过可以反过来确切地说，如果一个人95%的时间都在忧虑，那么他多半与成功无缘了。因为他会因为忧虑未来而忽略眼前的事，而眼前恰恰是未来的基础。

成功离不开设计、规划和未雨绸缪，但未来存在永恒的不确定性，我们别说没法切实有效地把握整个世界，甚至连世界一个小小的局部也把握不住。未来没来之前，始终存在不确定性，不论其概率有多大。由于未来始终躲在不确定的迷雾中，所以世上也不存在滴水不漏的设计。当然，我们不能因此就不去思考未来，相反，正因为未来充满不确定性，我们才应该更加全面、更加审慎地设计未来。可是，凡事都应该有个限度。米兰·昆德拉说，"人类一思考，上帝就发笑"，我们该思考的一定要思考，上帝笑与不笑是他的事。不过，如果我们过于杞人忧天，上帝肯定会笑得更加放肆。

有这样一个小故事：

古时候，少林寺有个小和尚，他每天早上负责清扫寺中的落叶。若在平时，这差事倒也轻轻松松。怕只怕秋冬之际，寺中每天都是落叶满地，小和尚每天早晨都要用去很多时间扫地，这让他烦恼不已。

小和尚找寺里的方丈帮忙，方丈呵呵一笑，告诉他："你明天打扫之前，先用力摇树，把落叶通通摇下来，这样后天就不用扫了。"小和尚觉得这个办法不错，第二天专门起了个大早，使劲地摇树，以为真能把两天的落叶一次扫净。

第三天早晨，兴冲冲的小和尚傻了眼——院子里依然满地落叶。这时，方丈走过来说："傻孩子，你现在明白了吧，无论你今天怎么用力，明天的落叶还是会飘下来。"

世上有很多事情，就如同明天的落叶一样，是无法提前发生的，也是无法预料的，更不是人力可以改变的。这个故事人们未必不懂，但人们却总是像故事中的小和尚一样，习惯于为一些未确定的事情而烦恼、而努力，然后在徒劳无功之余深深地遗憾。

2004年，德国举办足球世界杯时，曾有体育编辑这样打趣德国人：对大多数德国人来说，足球并不是他们感兴趣的东西。德国人只对工作感兴趣。如果你问一个德国人：今天的事情做完了干什么？他一定会告诉你，做明天的。明天的做完了是不是可以休息了呢？不，还有后天的。

实际上，现如今的中国人在这方面也差不多。曾经有同行开玩笑说：晚上 12 点多还亮着灯的房间，里面只能是三种人："没写完作业"的孩子、赶稿子的作者、玩游戏的青年。为什么"没写完作业"的孩子要加引号呢？因为他们很多时候并不是没做完，而是根本就做不完。以往家长总是教育孩子"今日事要今日毕，明天还有明天的事"，而现在家长却动辄为孩子报上十个八个特长班，恨不得一天把孩子逼成才，逼成全才。很遗憾，这种做法不仅收效甚微，还把很多孩子逼成了问题少年。

家长望子成龙、望女成凤的心情完全可以理解，但作为一个成年人，谁都知道人生充满了变数，把自己的偌大的、遥远的希望建立在一个弱小的还需要我们扶持的孩子身上，几乎就等同于给自己预留失望。我并不反对望子成龙、成凤，但我更倾向于自己成龙、成凤。但话又说回来，成龙、成凤不等于一天把所有事都做完。今天的事情必须今天做，那么，明天的事情也应该明天再说。

对另外一些人来说，他们更擅长于逼自己：逼自己不开心、逼自己睡不着觉、逼自己去想明天的烦恼。天下本无事，庸人自扰之。俗话说：境由心生。一个人顾虑太多，就会瞻前顾后，前怕狼，后怕虎，甚至寝食不安。到最后被自己搞得心烦意乱不说，还会在影响工作的同时影响身心健康。

明天永远都是个未知数。为未知的明天而烦恼，只会使原本快乐的今天也不快乐。为可能的失败而忧虑，只会让你前行的脚步变得不坚定。退一步讲，即便明天注定要悲伤，我们也没有必要提前为悲伤埋单。

为未来忧虑的人看似未雨绸缪，但实际上却是不自信的表现。我们

尽管去做，别辜负成功的另一种可能

必须为自己的明天负责，尽量做好相应的安排，但负责归负责，安排归安排，变化往往比计划快。西方有句话叫作"责任与今天是我们的，结局与未来却属于上帝"，一语道破了生活的无奈和乐观豁达心态的必要性。所以，当你再为明天闷闷不乐的时候，不妨想想"车到山前必有路，船到桥头自然直"的糊涂哲学，即使未来的生活再复杂、再多变，也不过是"兵来将挡，水来土掩"而已。反之，抛开"智者千虑，必有一失"不说，为了一个不确定的未来，却丢失了原本可以把握的现在，未来的美好又用什么去保证呢？总之，未来还没来，不必早伤怀。我们能够做的，就是在过好今天的基础上去顺延明天的美好。

4. 你做好现在的事，梦想自然会实现的

　　天地如此广阔，世界如此美好，它不仅仅需要一对想象的翅膀，更需要一双踏踏实实的脚！

　　2014 年的《中国好声音》参赛选手帕尔哈提给我留下了深刻的印象，当导师汪峰再次在台下向他问出那个老掉牙的问题——你的梦想是什么——他答道："我没有什么梦想，我认为只要认真做好现在的事儿，梦想它会来找我。"尽管，我本人对这个新疆小伙子的歌声并不感冒，但对这句话我不能不赞赏。当然，我也不相信他完全没有梦想，他只是不愿意空谈梦想而已。

　　什么是梦想呢？我们不妨从一个著名的历史梦境谈起。西汉时候的邓通，原本是宫中一个普通的御用船夫，这个职业当时叫作"黄头郎"，因为当时五行之说盛行，土胜水，因此船夫都戴土黄色的帽子。说来也怪，时任皇帝汉文帝某天晚上做了个梦，他梦见自己一飞冲天，眼看就要登上南天门了，关键时刻却怎样也冲不上去了，就在他要急醒的时候，下面有个黄头郎用力推了他一把，一切才得以 OK。进入"轨道"的汉文帝非常细心地发现：这个黄头郎的衣服上有个破洞。第二天，他便抱着试一试的心思来了个暗访贵人，结果无巧不巧地发现了正在河边补衣服的邓通——幸亏那个破洞还没补好，所以邓通得以成为宠臣。邓通这个人，别的本事没有，但拍马屁绝对在行。在民间，"拍马屁"也

叫"舔屁股"，这绝非夸张，更不是粗俗，因为历史上真有这事，而主角正是汉文帝和邓通。有一次，汉文帝的屁股生了个疮，虽经太医调治，却总不见好，搞得汉文帝坐也难受、躺也难受。在所有御医束手无策之际，邓通默默走上前去，带着十二分的恶心把脸凑近文帝的屁股，将其疮里的脓血吸出来。说来也怪，邓通吸过之后，汉文帝的疼通便减了几分。之后，邓通又给汉文帝吸了几次，汉文帝感动之余，疮也慢慢好转。有一天，就在邓通将吸未吸之前，汉文帝问邓通："你说天底下谁最爱我？"邓通很会说话："那自然是太子。"巧得很，话音刚落，太子就进来问安，心血来潮的汉文帝便叫太子给他吮疮。太子无奈，只好跪在榻前，将嘴巴凑向老爸溃烂的屁股，但还没碰到疮口，竟恶心地呕吐起来。汉文帝见了很不高兴，太子悻悻退出。不过通过这件事，汉文帝也更宠爱邓通了。一日，汉文帝闲来无事，命一个术士为邓通看相，术士直言不讳地说："邓大夫以后会因贫困而饿死。"汉文帝听后很不高兴，激动地对邓通说："你绝不会饿死，朕一定要你富！"说完汉文帝颁下一道诏书，把蜀郡严道县的铜山赐给了邓通，允许他私人铸钱，想铸多少就铸多少！邓通从此富可敌国。也正因此，后世才会将其名字当作金钱的别称。

遗憾的是，邓通的故事还没完。他因为舔屁股走向了成功，但也因此招致太子记恨。没几年，汉文帝死，太子即位，史称汉景帝，他一上台便把邓通革职，夺其铜山，并没收他所有家产，邓通一夜之间身无分文，与乞丐无二，最后竟真的应了那个相士的话——饿死街头。

很多人读罢这个故事，都不免感叹人生如梦、人生无常等，为大起大落、不得善终的邓通而唏嘘。其实大可不必。邓通的成功本身就是个意外，而不是人生的正常现象。现代人常说："梦想很丰满，现实很骨感。"而邓通，连梦都没做一个，就赢得了人生的大满贯，这让那些梦寐以求却始终事与愿违的人情何以堪？可以说，邓通不过是活在汉文帝的梦中。这是一种幸运，但幸运背后，则是悲哀。而现实生活中一些人的悲哀，则在于他们虽有自己的梦想，却不懂得或者说不愿意用行动去实现自己的梦想，使其落地生根、开花结果，只能一直生活在梦中。

梦想是用来实现的。如果你有梦想，就一定要捍卫它。每个人都有做梦的权利，但所有的权利都伴随着义务。为了梦想，你必须现实点。因为梦想并不因为你放眼未来就一定实现，未来究竟是什么光景，也没有人确切地知道。也就是说，我们其实都看不清自己的未来。未知是这个世界上最令人不安的事情，很多人都因为各种原因卡在一个回不到过去又看不清未来的现实瓶颈中，而突破这个瓶颈的唯一办法，也只能从现实着手。与其幻想未来，不如创造未来。做好现在的事，就是创造未来。

北宋著名政治家范仲淹，两岁时就死了生父，母亲改嫁，他成为别人的继子。少年时代，母亲为了使他少受虐待，便把他送至附近的荆山寺中读书。范仲淹学习非常刻苦，条件也非常艰苦。最苦的时候，他甚至需要喝泉水充饥。某天，寺里忽然来了个算命先生，范仲淹问对方："您帮我看看，我长大能不能当宰相？"一个小孩儿张嘴就要当宰相，把算命先生吓了一跳，他说："你小小年纪，口气怎么这么大？"范仲淹有点儿不好意思，接着问："要不这样吧——您再看看，我能不能当个医生？"算命先生觉得纳闷，心说这落差也太大了吧？于是好奇地问他："你先告诉我，你为什么要问这两件事情？"范仲淹说："因为只有良相和良医才能救人啊！"这话让算命先生很感动，于是他假装看了半天，然后煞有介事地说："你以后一定可以当宰相。"

尽管去做，别辜负成功的另一种可能

后来，为了进一步深造，范仲淹又只身远赴应天府书院求学。应天府书院是当时著名的书院，可以免费就学，还有名师指教，并有大量的书籍可供阅览。然而这一时期的范仲淹处境也更加拮据：他每天只煮一锅米粥，等粥凝冻之后再划成四块，早晚各食两块；菜只有切碎的咸菜。这便是成语"划粥割齑"的由来。然而，范仲淹对这种清苦生活毫不介意。他发愤苦读，每天差不多都是凌晨鸡鸣即起，攻读诗书，直到夜半才和衣而眠。据说，他曾五年没有解衣就寝。公元 1014 年，以劳民伤财为己任的真宗皇帝路过应天府，引发全城轰动，人们争先恐后地去看皇帝，书院的师生们也不例外，唯有范仲淹闭门不出，像往常一样埋头苦读。一位要好的同学特地跑来叫他："快去看看吧，这可是千载难逢的机会，千万不要错过！"但范仲淹只随口说了句"将来再见也不晚"，便再次埋首书山。只过了一年，他便取得了殿试的资格，直接入宫朝见真宗，从此走上了"先天下之忧而忧，后天下之乐而乐"的经国济世之路。

"将来再见也不晚"——这是一种自信，也是一种务实。如果将来没机会见，现在见一下又有何用？反过来说，如果将来一定会见，又何必急于一时？

人们都说：有志者事竟成。其实哪有那么简单？现实生活中并不缺范仲淹那样的有志者，缺的只是那种把满腔志气化作脚踏实地精神不断努力的人。有个成语叫"心想事成"，它本身没有错，不去想，只能像邓通那样撞大运了；但光想，成功也不会自己走到我们面前，就算成功自己来了，我们又能把握住多少？另外，弗洛伊德强调，光想不做，那叫空想，而空想源自逃避心理。沉湎于空想的人，必定是逃避倾向很浓的人。这正是空想的害处。

成功学中有一个"鸭子戏水"的理论：鸭子在水中游泳时，我们从岸上看去，它总是一副优哉游哉的样子，但实际上，鸭子的两只脚每时每刻都没闲着，都在水下划水。虽然它的身体构造非常适合水栖生活，可以毫不费力地浮在水面上，但它想前进的话，就必须依靠鸭掌拨清波带来的反作用力的推动。此外，所谓"鸭子戏水"，也不过是人类的臆想。鸭子哪有时间戏水？鸭子那是在工作。为了吃到小鱼小虾，它必须把脑袋扎进水里，甚至烂泥里，否则鱼儿不可能自己蹦进它的嘴里。

　　爱默生说过：想入非非是青春的标志。但请记住，人总归是要长大的。天地如此广阔，世界如此美好，它不仅仅需要一对想象的翅膀，更需要一双踏踏实实的脚！其实，又何止年轻人需要一双踏踏实实的脚？各行各业，谁若想取得成就，都离不开埋头苦干的精神。

5. 除了今天，一切都是浮云

一切就在今天，今天就是一切。我们追不回昨天，也握不住明天，我们只能抓住今天。不抓住今天，就会失去今天。失去了今天，也就失去了永恒。除了今天，一切都是浮云。抓住每一个今天，过好每一个今天，浮云般的梦想也能实现。

小时候看动画片《白雪公主》，很不理解里面的一句台词："这里的规矩是，明天可以吃果酱，昨天可以吃果酱，就是今天不准吃果酱。"今天想来，这真是一条残酷的规矩：永远都不准吃果酱。因为人永远都只能活在今天，而不是"可以"吃果酱的昨天和明天。

有人说，人生不过三天：昨天、今天和明天。其实，人生不过一天。因为昨天已经过去，我们没法让它重来；明天还未到来，我们也没法让它提前。我们可以把握的只有今天。今天把握不好，就会成为痛苦的昨天。今天把握不好，明天也好不到哪儿去。所以，既不要让昨天的记忆蒙蔽今天的眼睛，也不要活在对未来摸不着边际的希冀中，我们要生活在完全独立的今天。

1871 年春天，有一位年轻人在一本书中看到了一句话，这句话对他的前途产生了莫大的影响。当时他还只是蒙特瑞尔综合医院的一个普通学生，他的脑子里总是充满各种各样的忧虑：如果通不过期末考试怎么办？如果作业做错了怎么办？如果学医不成日后去哪里创业？靠什么生活？等等。但自从看到那句话后，他所有的忧虑一扫而空，他快乐地过着每一天，并且成为当时最有名的医学家。他一手创建了世界知名的约翰斯霍金斯医学院，成了牛津大学医学院的客座教授，还被英王册封为爵士。他就是威廉·奥斯勒。他在1871年春天所看到的那句话是：对我们来说，最重要的事情不是观望遥远、模糊的未来，而是做好今天的事情。

威廉·奥斯勒曾经屡次到各大学为学生们做演讲，很多同学都曾经追问他成功的秘诀到底是什么。威廉·奥斯勒认为，这完全是因为他生活在一个"完全独立的今天"。他在一次演讲中解释道：

"几个月前，我曾经乘坐一艘巨轮横渡大西洋。一天，我看见船长站在舵室里，按下一个按钮，轮船立即发出一阵机械运转的声音，船的几个部分立刻彼此隔绝开来——分成了几个完全封闭防水的隔水舱。"

"你们每个人的身体组织都要比那艘轮船精美得多，"奥斯勒说，"你们要走的航程也比那艘轮船遥远得多，我要劝诫各位的是，你们也要学会怎样控制一切，生活在一个'只有今天的密封舱'里，这才是确保航行安全的最好方法。你们要进入自己心灵的舱室，好好地使用那些隔离舱。你们要先按下一个按钮，把已经逝去的昨天隔断；然后按下另一个按钮，把尚未来临的明天也隔断。这样就保险了——你们有的只是今天，没有那些把傻子引上死亡之路的昨天和把正常人逼疯的明天。把它们紧紧地关在门外，一切就在今天。"

没错，一切就在今天，今天就是一切。我们追不回昨天，也握不住明天，我们只能抓住今天。不抓住今天，就会失去今天。失去了今天，也就失去了永恒。除了今天，一切都是浮云。抓住每一个今天，过好每一个今天，浮云般的梦想也能实现。

尽管去做，别辜负成功的另一种可能

什么叫抓住今天？有一个小故事：有个学画者和大画家聊天，他说："大师，请指导我一下，我怎么才能把画画好呢？"大画家指着画上的几处不足说："你把这个、这个还有这个地方修一下。"学画者说："行，我明天就修。"大画家说："不行，要马上动手，万一你今天晚上死了怎么办？"这就叫抓住今天。

什么叫失去今天？有一个众所周知的故事：有个懒汉，在草垛上睡醒一觉，意外地发现脚边有枚鸡蛋，他盯着鸡蛋，开始浮想联翩："我可以把这个鸡蛋孵成小鸡，小鸡长大后，若是母鸡，能生更多蛋，就算是公鸡，也能换更多鸡蛋，这样鸡生蛋、蛋生鸡，鸡群会越来越大；鸡足够多时，我就用它们换一头羊，羊又生羊，羊足够多时，我就用它们换牛，牛又生牛，牛足够多时，我就用它们换田，我有了田，就娶村里最漂亮的姑娘，生个儿子可能会很淘气，他淘气我就得管教他，我得踢他一脚———抬脚，他把鸡蛋踢碎了。"这就叫失去今天。为什么会失去今天？因为他没活在今天。

不活在今天的人，必然失去今天。神也如此。古罗马神话中有个双面神———坚纽斯，现在欧洲的一些古迹上还有他的形象：两头两面，两头相枕，两面相反。与之相关，还有一个流行颇广的相关故事。

话说有一年，一位哲学家途经荒漠，看到一座古代废墟。那是一座城池的废墟，尽管满目沧桑，但仔细地看依然能辨析出它昔日的辉煌风采。哲学家想在此休息一下，就随手搬过一个石雕坐在上面。

他刚坐下，突然从屁股底下传来了抗议声："别坐在我头上，我是神！"哲学家吓了一跳，赶紧站起来，但比刚才突如其来的声音更令他吃惊的是那神像的模样，他问："你是什么神啊，为什么有两张面孔？"

"我是双面神坚纽斯。"雕像自豪地答道，"我可以一面回视昨天，吸取教训；一面展望明天，未雨绸缪。"

"那么今天呢？最有意义的今天你关注了吗？"哲学家又问。

"今天？"神像愣在那里，半晌才说话，"我只顾着观照昨天与明天，哪有时间想今天……"

"过去的已经过去，将来的还没到来，我们唯一能掌握的就是今天，忽视今天，即使对昨天了如指掌，对明天洞察先知，又有什么实际意义呢？"

"呜呜——"双面神已经哭了起来，"先生啊，直到今天我才明白我为什么会落到如此下场。很久以前，我驻守这座城时，自诩能够一面察看昨天，一面又能瞻望明天，完全可以保护这里的人民。结果因为忽视了今天，结果这座城池被敌人攻陷，美丽和辉煌都成为过眼云烟，我也被人们唾骂而弃于废墟中。"

总之，昨天是无法捕捉的时光精灵，明天是没有尽头的时间隧道，今天才是我们生活的全部意义。活在今天，把握今天，是最真实也最踏实的人生态度。失败不必缅怀，成功不必等待，牢牢抓住今天，才能拥有实实在在的未来。

尽管去做，别辜负成功的另一种可能

第七章

世界那么大，别孤身闯天下

尽 管 去 做 ， 别 辜 负 成 功 的 另 一 种 可 能

一个人，纵使才华横溢、能力超群，如果不能较好地融入社会，不善于跟周围的人沟通、协作，他就不会在成功的路上走很远，更无法实现自己的理想与目标。我们在追求梦想时，千万不要做独行侠，学会与人合作、借助他人，将会更容易实现目标。

1. 一朵花做不了花环，一个人成不了大事

洛克菲勒说，在我创造财富之旅的每一站，你都能看到合作的站牌。因为从我踏上社会那一天起我就知道，在任何时候、任何地方，只要存在竞争，谁都不可能孤军奋战，除非他想自寻死路。

公元 1916 年，人类历史上诞生了首个亿万富翁，他就是我们此前讲过的美国石油大王洛克菲勒。有人说，洛克菲勒当时其实并没有 1 亿美金，那是美国政府刻意宣传出来的。或许吧，但保守估计，他也有七八千万美金。这是个什么概念呢？在当时，1 美元大约折合 1.5 克黄金，当时的美国政府也不能像现在这样动辄开动印钞机搜刮全世界，也就是说，洛克菲勒的财富远比今天的比尔·盖茨等人的财富更坚实。当然，光谈赚钱很俗气，事实上，洛克菲勒成功后也做过不少善事，中国著名的协和医院就是他名下的基金会在 1917 年无偿筹建的。据说，该基金会对协和医院的总捐款数额高达 4460 万美元，这也是该基金会有史以来最大数额的捐款。

那么，这个当初连照相都遭摄影师白眼的穷小子，凭什么能取得这么大的成功呢？前不久看过一篇文章，作者总结出成功需要四大要素，勤奋、浪潮、知识与合作精神。这几点洛克菲勒恰好都具备。鉴于篇幅，这里只谈他的合作精神。

洛克菲勒在把自己捐得不想捐了的大额遗产悉数留给唯一的儿子小

洛克菲勒的同时，也留给了他一份更为宝贵的精神财富，即众所周知的洛克菲勒给儿子的家书，后来，有人将其整理为《洛克菲勒留给儿子的38封信》，在这里面，他教儿子做人、做事、做生意，教儿子学他认为儿子最应该掌握的东西。其中就有一封信专门提到了"合作精神"，他在信里面洋洋洒洒地写道：

亲爱的约翰：

明天，我要回老家克利夫兰处理一下我们家族的事情。我希望在此期间，你能代我打理一些事务。但我提醒你，如果你遇到某些棘手或者自己拿不定主意的事情，你要多多向盖茨先生请教和咨询。

盖茨先生是我最得力的助手，他忠实真诚、直言不讳、尽职尽责，而且精明能干，总能帮我做出明智的抉择，我非常信任他，我相信他一定会对你大有帮助，前提是你要尊重他。

……

儿子，世界上只有两种人头脑聪明：一种是活用自己的聪明人，例如艺术家、学者、演员；另一种是活用别人的聪明人，例如经营者、领导者。后一种人需要一种特殊的能力——抓住人心的能力。但很多领导者都是聪明的傻瓜，他们以为要抓住人心，就得依据由上而下的指挥方式。在我看来，这非但不能得到领导力，反而会降低很多。要知道，每个人对自己受到轻视都非常敏感，被看矮一截会丧失干劲。这样的领导者只会使部属无能化。

一头猪被好好夸奖一番，它就能爬到树上去。善于驱使别人的经营者、领导者或大有作为的人，一向宽宏大量，他们懂得高看别人和赞美他人的艺术。这意味着他们要有感情的付出。而付出深厚的感情的领导者最终必赢得胜利，并获得部属更多敬重。

没有知识的人终无大用，但有知识的人很可能成为知识的奴隶。每个人都需要知道，一切的知识都会转化为先入为主的观念，结果形成一边倒的保守心理，认为"我懂""我了解""社会本来就是这样"。有了"懂"的感觉，就会缺乏想要知识的兴趣，没有兴趣就将丧失前进的动力，等待他的也只有百无聊赖了。这就是因为不懂才成功的道理。

但是，受自尊心、荣誉感的支配，很多有知识的人对"不懂"总是难以启齿，好像向别人请教，表示自己不懂，是见不得人的事，甚至把无知当罪恶。这是自作聪明，这种人永远都不会理解那句伟大的格言——每一次说不懂的机会，都会成为我们人生的转折点。

自作聪明的人是傻瓜，如果把聪明视为可以捞到好处的标准，那我显然不是一个傻瓜。

……

事实上，这也是洛克菲勒的 38 封信中的第一封——"合作精神"在其心目中的重要性可见一斑。在其余的书信中，洛克菲勒也没有完全忘记"合作精神"而大谈其他，而是时不时地谈及这一人性的优点，可以说"合作精神"就是洛克菲勒精神的大纲。比如，他在其中一封信中谈道，"合作，在那些妄自尊大的人眼里，它或许是件软弱或可耻的事情，但在我看来，合作永远是聪明的选择，前提只要对我有利。现在我要让你知道这样的事实：假如说不是上帝成就了我今天的伟业，我很愿意将其归功于三大力量的支持：第一支力量来自按规则办事，它能让企业得以永续经营；第二支力量来自残酷无情的竞争，它会让每次的竞争都趋于完美；第三支力量则来自合作，它可让我在合作中取得利益、捞得好处。而我之所以能跑在竞争者的前面，就在于我擅长走捷径——与人合作。在我创造财富之旅的每一站，你都能看到合作的站牌。因为从

尽管去做，别辜负成功的另一种可能

我踏上社会那一天起我就知道，在任何时候、任何地方，只要存在竞争，谁都不可能孤军奋战，除非他想自寻死路"。

无独有偶，洛克菲勒曾经在家信中提及过的同时代的美国另一工业巨头安德鲁·卡内基，他也曾经说过类似的话，只不过他没采取写信的方式，而是把它篆刻在了自己的墓碑上："一个懂得跟比他聪明的人合作的人，安眠于此。"

洛克菲勒也好，安德鲁·卡内基也罢，他们的话对中国人来说一点儿也不陌生。对中国人来说，谁不知道"一朵花做不成花环""红花也需绿叶扶""浑身是铁也打不了几颗钉""单枪匹马成不了大事"的道理，但中国人骨子里缺少合作精神，这也是无可质疑且普遍的。我们不能说中国没有善于合作的人，只是这样的人就像成功人士一样稀缺。

曾经在网上看到过一篇题为《美国人爱桥牌，中国人爱麻将》的小文章，作者是广东第二师范的许锡良老师，他以调侃又不失深刻的笔调写道：

美国人的合作精神是世界著名的，以致人们把美国人最善于搞的跨国公司作为美国人的人格特征，美国人最喜欢玩的游戏是打桥牌，也是一种联盟游戏，而中国人玩得最普遍的游戏却是打麻将，这可是一种完全各自为政、互相拆台的游戏，从这种简单的游戏里也可以看出各自在"合作精神"中存在的一些差别。

不管我们是否认可这种说法，但类似的事情确实普遍在我们的生活中存在。中国人并不乏合作精神，有些时候用"一拍即合"来形容某些人都不为过，但合作好了、合作久了的例子非常少。而一旦合作不好了，又往往是相互指责、谩骂，乃至大打出手，闹出人命。

而美国人则恰恰相反，他们也合作，也有合作了半天最终分道扬镳的，但他们不轻易合作，一旦合作，合作周期至少相对中国人来说会更长些。当然，美国有美国的弱点，其最大的弱点就是不喜欢向合作关系中注入感情，合作关系显得赤裸裸。洛克菲勒曾在写给儿子的信中点明这一点：

合作并不等于友谊、爱情和婚姻，合作的目的不是去捞取情感，而是要捞到利益和好处。我们应该知道，成功有赖于他人的支持与合作，我们的理想与我们自己之间有一道鸿沟，要想逾越这道鸿沟，必须依靠别人的支持与合作。当然，我永远不会拒绝与生意伙伴建立友谊，我相信建立在生意上的友谊远胜过建立在友谊上的生意。

相对来说，我更愿意赞同《先有大格局，后有大事业》的作者张鹏的思路，她说，有一个流传甚广的笑话，说的是中秋前甲给乙送了盒月饼，乙转手把它送给了丙，丙又把它拿给了丁……最后，月饼又回到甲手中。整个过程中，看似谁也没占便宜，其实每个人都有收获，因为没有多少人真正在乎一盒月饼，而是在乎附着在上面的情意，也就是说，在此过程中，所有人都在表达并收获着这种感情。人们都说，中国是人情社会，但这有什么不好呢？总比一切赤裸裸的好。当然，如果能把握尺度，绝不滥用，那就会更好。

尽管去做，别辜负成功的另一种可能

2. 独享不如分享，无私方能谋私利

分享与成功之间的关系有点类似于压水机，倘若你不肯先分享自己的水给压水机，压水机就不会回报你更多的水。

美国有家诊所的广告颇有新意：

送钱来，我们会治好你的痔疮，你留着钱，也留着你的痔疮。

没有人愿意留着痔疮，但也没有人愿意把钱送给医院或者别的什么人，特别是在自己没生痔疮的情况下，尽管人家的广告说得明白晓畅、深入浅出。

但是，如果一个人学不会分享，而只会独享，甚至独吞，那么他就成不了大事，就算能成，也得栽在小事上。因为分享是社会运行的必然法则，农民分享他的粮食，工人分享他的产品，艺术家分享他的艺术品……不分享，他也就别想分享别人的产品。在小农经济时代，人们可以实现一定程度上的不分享，一家一户就把所有的事情包办了，男人耕田、女人织布、小娃放牛、老人拾柴……问题是，即使是在小农经济时代，人们也只能在一定程度上自给自足，完全不依赖他人，比如，农民的犁头坏了，还不得求助于铁匠？妇女想纺线，也得先分享点钱物，让木匠给打辆纺车。

就算是在远古时代，人类也存在着广泛的分享意识，也不是各自为战。进入工业时代，劳动分工越来越细，分享就更是必然的了。西方经

济学鼻祖亚当·斯密曾经从经济学的角度谈到，所有人都是"经济人"，所有人都会不由自主地考虑自己的经济利益，也不得不考虑他人的利益，否则，就难以实现利己的目的。

我们再来看一个西方的小故事。

上帝派一个天使去视察地狱和天堂。天使先下到地狱，发现地狱里的人一个个面黄肌瘦、有气无力。是地狱里不给吃的吗？非也，不仅有吃的，伙食还不错，问题是上帝给他们的勺子太长，饿得发疯的人们怎么也不能将食物送到嘴里。一来二去食物就会洒到地上，洒到地上的食物就会像人参果一样马上消失不见，他们想从地上捡点吃都不行，于是地狱里的人就始终重复着舀食物—够不着—洒到地上—然后消失的悲惨生活，能不面黄肌瘦吗？

天使摇摇头，又上到天堂，他发现天堂里的每个人都红光满面、精神焕发。是不是天堂里的伙食更好呢？不是，天使发现，不仅天堂里的伙食跟地狱里没有差别，而且天堂里的每个人手上拿的也是长把勺子。那他们为什么能够生活得那么和美欢畅呢？答案是：天堂里的人懂得用长把勺互相喂别人吃饭，而地狱里的人却只懂得往自己的嘴里塞。

如果你是初次读到这个故事，相信会像当年的我一样，颇为这个故事所传达的西方人的正能量而激赏一番。但随着时光的推移，看多了人情冷暖，我终于顿悟：这叫什么事儿！众所周知，上天堂，那是做了足够好事的人才能享受的待遇，但在故事中，你看不到下地狱的人和上天堂的人的待遇有什么本质不同：伙食一样、餐具一样、就餐环境也一样。你可以认为天堂里的人能吃到饭是因为他们品德高尚，但你同样可以认为他们只不过比地狱里的人更懂得把握人性而已。

没错，是人性。先哲老子曾经从这个角度说过一句话——无私才是

尽管去做，别辜负成功的另一种可能

大私。如果你真的无私，那么你得到的反而比自私者更多。道理很简单，人性本质上是自私的，而基于人性的自私，普通人都会愿意与无私的人打交道，这样他们才好自私嘛。但每次打交道，都伴随着交易，交易则伴随着分享，不管是即时的，还是潜在的，不管是物质的，还是情感的。只不过由于很多人克服不了人性的弱点，所以未能参透"无私为大私"的要义，更谈不上切实践行，谈到无私和分享，就打心底里抵触，成功的机会也就随之被抵走了。

联系上面那个天堂地狱的故事，我们也可以说，人生有时候就是个饭局，说难听点儿，每个人都是食客，也都是其他食客面前的"菜"。有的人是鲍鱼龙虾，有的人则是萝卜白菜；有的人是精米白面，有的人却是小米杂粮……表面看来，鲍鱼龙虾、精米白面肯定比萝卜白菜和小米杂粮好，但事实上并非如此。即使你有的是鲍鱼龙虾，你也不能一天三顿地吃，你必须时不时地吃点水果、蔬菜或粗粮，才能保证营养均衡。但无论你的勺子多么长、筷子伸多远，都没用，因为天下没有免费的午餐，你想吃别人的水果、蔬菜或粗粮，也得让别人尝尝你的鲍鱼龙虾是什么滋味。否则别人宁愿饿死，也不会让你白吃。

人性都是自私的，但一个人过于自私，就是没有人性，也就是人们常说的"小人"。与"小人"相对应的是"君子"。《周易》中说，君子既应该像天一样自强不息，也应该像地一样恩泽万物。《论语》中则说，"君子坦荡荡，小人长戚戚"。戚戚，是忧愁、局促、纠结的意思，为什么小人会常戚戚呢？因为他们常常在需要分享的时候想独享，在别人需要帮助的时候落井下石，在需要坦荡荡的时候败给自己的劣根性。可见，分享是做人的境界的问题，也是一种成功的品质——不然小人就不会常戚戚了。

李嘉诚也说过："人要去求生意就比较难，生意跑来找你，你就容易做。那如何才能让生意来找你？那就要靠朋友。如何结交朋友？那就要善待他人，充分考虑到对方的利益。有钱大家赚，有利润大家分享，这样才有人愿意合作。假如拿10%的股份是公正的，拿11%也可以，但是如果只拿9%的股份，就会财源滚滚来……"业界也流传着这样的说法："跟李嘉诚做生意不需要计算，他都为你计算好了，你没有利润，他不会与你做生意。"

不要固执地认为，分享是成功以后的事。其实，分享与成功之间的关系有点类似于压水机，倘若你不肯先分享自己的水给压水机，压水机就不会回报你更多的水。

某畅销书作家在作品中说，"牛根生和蒙牛的成功，是一种必然，因为老牛身上蕴藏着太多成功的道理"。1998年，牛根生被伊利董事会免职。1999年，牛根生卖掉了自己和妻子的股份，用100多万元注册了蒙牛。当时的牛根生，对蒙牛的将来也没有多大把握，但是听到老牛注册了蒙牛，包括伊利液体奶的老总、冰淇淋的老总，三四百人纷纷弃大就小，投奔了牛根生。牛根生告诫他们："你们不要弃明投暗。"可大家就是要跟着他一块干。这些忠诚的老部下，或者变卖自己的股份，或者借贷，有的甚至把自己将来的养老钱也拿了出来。在大家的努力下，蒙牛终于有了第一把草料。这是为什么呢？作者举例说明：在伊利任职期间，有一次公司拿出钱来让牛根生买一部好车，但他却为几个部下每人买了辆面包车；还有一次，他把自己应得的108万元奖金平分给了大家……其余诸如几千、几万的小奖，十几年来，牛根生的分奖行动年年不断。

把视野拓宽一点，我们身边的成功人士又有哪一个不懂得分享呢？李彦宏因为分享成就了百度，马云因为分享壮大了阿里巴巴……你用分享成就什么呢？我们拭目以待。

尽管去做，别辜负成功的另一种可能

3. 小聪明是大愚蠢，吃亏才是大智慧

小聪明，其实就是不聪明。而大智慧，则是真智慧，不过在这里，"智"不是最主要的东西，其要点在"真"、在"舍"。

几年前，我去拜访一个老朋友——李某，吃着饭、聊着天，我顺便问他另一个老朋友荣某的情况。李朋友突然变得很激动，说以后别在我面前提他。我忙问怎么回事。原来去年李朋友接了个不大不小的业务，但他的公司当时很忙，没时间，于是他就把业务转给了荣朋友，满想着荣朋友事后怎么也得意思意思，可荣朋友却很不够意思，别说没分点红，连顿饭也没请……李朋友歪着脑袋征求我的意见：你说这样的人能搭理吗？谁跟他合作谁吃亏！某某、某某，还有某某，都吃过他的亏！我的荣朋友也许真的有点不够意思，但我却没有按照李朋友的逻辑回答问题，而是问他："你为什么不订个合同？"李朋友更激动了：一张纸顶个屁用，咱们做人得凭良心……

事实上，即使那件事已经过去了好几年，现在只要我在网上一提那位荣朋友，李朋友还是会非常激动，最近在我的劝说下，他已经变得越来越大度，认为自己一直为那件事耿耿于怀，荣朋友固然不对，他自己也不太豁达，但他总是不忘叮嘱我："你不跟我合作没事，千万别跟他（荣朋友）合作，除非你想找死！"如果不是亲身经历，我真的想不到这样一件小事会让人这么印象深刻。

说正题。我之所以一再在上文中称某人为荣朋友，这不是客气，而是我发自内心地认为此人本质不坏，至少对我本人来说还挺不错，他的弱点仅仅是小聪明有余，大智慧不足。

什么是小聪明？什么又是大智慧？比尔·盖茨与其夫人的故事可以很好地说明两者之间的差距。2012 年年初，盖茨夫人曾经向某个记者透露，她的家庭不允许使用苹果公司的产品，"因为我们所有的家庭财富都来自微软，因此我们没有理由拿这些钱去购买竞争对手的产品"。但此前——2011 年秋，比尔·盖茨在探望完苹果掌门人乔布斯后却表示："我们用了几个小时的时间去追忆往昔并展望未来，我告诉他，应该为自己所做出的杰出成就而感到自豪，微软和苹果都为世人奉献了伟大的产品，而两者之间所存在的竞争则是督促我们不断前进的动力。"你可以说，盖茨夫人很实在，比尔·盖茨很客套，然而我们也应该从中看到聪明和智慧的差别。盖茨夫人无疑是个贤内助，但也仅仅是这样。

当然，能有比尔·盖茨那种境界的人全球也没几个，能做到盖茨夫人那种境界的世上也并不多，换作一般女人，老公想捐家产，拼了！不过从人性的角度看，这也无可厚非，总比那些绞尽脑汁想占别人便宜——而且往往是很小很小的小便宜的人——强。

我的一位的哥朋友，曾经跟我讲过这样一件事情：

某地有一家加油站，我（朋友）去那儿加过几次油。

第一次，我要加 100 块钱的油，当加油器的计价表蹦到 99 块钱的时候，工作人员就开始手工控制油枪，加到 99 块 9 毛 9 分时，立即打住。

"你的手够准的！"我假装夸奖他，实际上却有点不高兴——干吗少给我加 1 分钱的油？

尽管去做，别辜负成功的另一种可能

第二次，还是加100块钱的油。结果计价表快到末尾的时候，工作人员又改成人工操作，又是到99块9毛9分时打住。

第三次，还是外甥打灯笼——照旧。我问他："你怎么每次都差我1分钱的油啊？"

他笑了笑，说："现在油价这么贵，加油站不能赔了不是？"

第四次，他还是加到了99块9毛9分。我又问："你为什么总不加满？"

他说："我怕加过喽，老板吩咐过，'宁可少加一毛，不能多加一分'。"

从此以后，我再也不去那家加油站了。

其实，谁都不差一分钱，但是谁也不愿意无缘无故地吃亏。加油站的做法看似每次都赚钱，但是丢失一个客户，一年得少赚多少钱？更何况再多的金钱都无法挽回客户的信任，而这样经营的话，丢失的客户恐怕远不止我的朋友一人吧。当然，加油站的经营者未必明确地告诉过那位员工每次要尽量少给客户加一分钱的油，而那位"谨遵"老板命令的员工，想来也不会有太大出息。

我还听说过，在美国，申请信用卡和注销信用卡都是免费的，但是更换磨损的信用卡需要缴纳5美元工本费。聪明的中国人需要更换卡片时，总是先销户再开户，从而节省了更换卡片的5美元。虽然这很简单，美国人却不会。类似的例子还有很多。表面看来，有些人确实很聪明，但众所周知，这些所谓的聪明不过是自欺欺人的小聪明，人生真正需要的还是大智慧。

有必要再深入聊聊小聪明与大智慧。小聪明，其实就是不聪明。而大智慧，则是真智慧，不过在这里，"智"不是最主要的东西，其要点在"真"、在"舍"。古人说，大智若愚。这里的愚，不是愚蠢，而是厚道、朴实、不屑于算计以至到了接近于傻×的程度的意思。这是做人最高也最玄妙的境界。如果有谁能做到"大智若愚"，那么他在人生舞台上几乎可以立于不败之地。

美国第九任总统威廉·哈里逊是个不错的例子。他出身于大庄园主之家，是家里九个孩子中最小的一个，由于自幼沉默寡言，以致被哥哥姐姐们及一些邻居误认为有点傻。不知从何时起，大家喜欢测试他的智商，比如放一枚5分钱的硬币和1角钱的硬币在他面前，然后告诉他只能拿其中一枚，而哈里逊每次都只拿那枚5分的。有一次，一位好心的太太见又有人戏耍他，忍不住问他："孩子，你难道真的不知道哪个更值钱吗?"哈里逊说："夫人，我当然知道，可我要是拿了1角的那个，他们就再也不会把硬币摆在我面前，那样我就连5分的也拿不到了。"

人生其实充满了类似的测试，人与人之间，谁也不会比谁太傻，可有些人就是愿意把别人当傻瓜，自以为全世界就他最聪明，且对一些无节操的蝇头小利沾沾自喜。殊不知在他把手伸向那些蝇头小利的时候，对方——尤其是那些也喜欢占些小便宜的人——早已经把他看扁了，早已下定了"下次再也不跟这种人合作"的决心。跟谁合作呢? 自然是跟那些不爱占便宜而且愿意让别人占些便宜的人。恰如前面所说，合作决定命运，愿意跟你合作的人多了，分享得也就多了。所以古人说——吃亏是福。所以，想成大事，不仅需要摒弃小聪明，还要学会让些小利，能舍的情况下，尽量舍些，为蝇头小利纠结而影响大事，犯不上。

4. 你想赢得最大利益，先学会照顾别人的利益

很多人经常怨天尤人，说什么与人打交道难于上青天，其实打交道并不难，如果你觉得难，那肯定是你在做事的时候根本不顾及对方的利益，把自己的预定目标建立在了对方的损失之上。

有次坐火车，在一本杂志上看到这样一个小故事：

某精神病院有个特殊的病人，他总以为自己是一只蘑菇，因此他每天都撑着一把伞蹲在角落里，不吃也不喝。医生怕他饿死，就想了个办法，也撑了一把伞，蹲在精神病人旁边。精神病人奇怪地问："你是谁呀？"医生说："我是一只蘑菇呀。"病人点点头，继续做他的蘑菇。过了一会儿，医生站了起来，在房间里走来走去，病人就问他："你不是蘑菇嘛，怎么可以走来走去？"医生回答说："蘑菇当然可以走来走去啦！"病人觉得有道理，也站起来走走。接着医生拿出一个汉堡包开始吃，病人又问："咦，蘑菇怎么可以吃东西？"医生理直气壮地回答："蘑菇当然可以吃东西呀！"病人觉得很对，于是也开始吃东西。几个星期以后，这个精神病人就能像正常人一样生活了，虽然他还觉得自己是一只蘑菇。

这个故事告诉人们：想改变别人，先改变自己；想影响别人，先得抛弃以自我为中心的处世原则。只有尊重对方的行为准则，默默地陪他做一只蘑菇，让他觉得你是同道中人，双方才有进一步交往的可能，你

才有可能走进对方的心里。

心理学上有一个"人"和"入"效应，简单来说就是当你让一个人用双手的食指做一个"人"字时，大部分人都会站在自己的视角做"人"字，但在对方看来，他做的却是个"入"字。所以，我们做事情不能以自我为中心，我们越是自我，离正确答案也就越远。

老子说："圣人常无心，以百姓心为心。"人与人相处，需要理解、需要心灵的契合，圣人之所以能站到世人达不到的高度，做出常人做不出的成就，就在于他们能够放下心中的一切条条框框，走进没有"我"的世界。

孔子的高足端木赐，也就是《论语》中的子贡，他的"一言五国变"的故事很能说明问题。

话说春秋末年，齐国王室衰靡，政权落入田、高、固、鲍、晏五大家族手中，其中又以田家的田恒野心最大，他想篡权，又担心其他家族人多势众，于是他便想通过对外战争的方式进一步树立自己的威信。说干就干，齐国大军很快杀向了近邻鲁国。当时孔子正率领众弟子在卫国游学，虽然他是被逼出鲁国的，但听到消息，他还是说："鲁国是我的祖国，不能不救。"权衡再三，他派得意弟子子贡去处理这件事。

子贡迅速奔赴齐国，打通关系，见到了田恒。但没等子贡开口，田恒就说："先生此来，是为鲁国做说客吧？"子贡说："我这次来，专为相国——我听说'忧患在外面就攻打弱国，忧患在内部就攻打强国'，您的心思我非常清楚，但照您现在的做法，结果只能是为他人作嫁衣裳：打败了弱小的鲁国，功劳是国君和战将的，没有你的份，他们的势力威望大了，相国您就危险了。反之，如果攻打强大的吴国，一时打不赢，就把你的对头困在了外面，那时你在国内做事就不会有人妨碍了，你说是不是?"田恒听了大喜，但齐国大军已开到了鲁国边境，他也不好突然改变计划去攻打吴国，子贡又说："不如我去游说吴王，让他发兵打你，你不就有借口了吗?"田恒听后，就派人命令部队暂时不要进攻鲁国，坐等吴军挑战。

紧接着，子贡星夜兼程赶到吴国，对吴王夫差说："吴国与鲁国曾经联手打过齐国，现在齐国攻打鲁国，接下来肯定会打吴国，大王您为什么不发兵攻齐救鲁呢?"吴王说："我也想攻齐救鲁，但听说越国准备攻打吴国，我想先打败越国，然后再打齐国。"子贡说："您不用担心越国，我愿意到越国去一趟，让越王不敢攻打吴国。"

于是夫差封子贡为吴国特使，命他前往越国。到了越国，子贡对越王勾践说："吴王听说你想攻打吴国，现在正准备打越国，您现在的处境可是太危险了。"勾践大吃一惊，连忙说："先生一定要想办法救我!"子贡说："吴王很骄傲，你就对他说要亲自带兵帮助吴国攻打齐国，他一定会相信。仗打败了，吴国实力会大减，越国可以趁机攻打吴国；打胜了，吴王必定要攻打晋国，称霸诸侯，到时候越国也有机可乘。"越王听了大喜，一切照办。

回到吴国，子贡对吴王说："越王根本没有攻打吴国的想法，过几天就会派人来请罪。"5天之后，越国大臣文种果然带兵来吴，说要和吴王一起去攻打齐国。吴王不再怀疑，遂起大军攻打齐国。

最后，子贡跑到了晋国，他对晋定公说："吴国正在攻打齐国，如果吴国胜了，肯定会来攻打晋国，以称霸诸侯，大王可要早点做好准备呀!"晋定公说："谢谢先生的教诲。"结果还没等子贡返回卫国，齐国已经被吴国打败了。得胜的夫差果然乘胜杀向了晋国，不料却中了晋国的埋伏，死伤无数，越国勾践乘机在背后起事，先攻下吴国都城，接着又擒杀了慌不择路的夫差，结束了自己卧薪尝胆的生活，也结束了这场无中生有的世界大战。

之所以说这场战争无中生有，就在于这场战争原本可以避免，至少与吴、越、晋三国没有关系。很明显，这得益于子贡的能说会道。但这仅仅是能说会道那么简单吗？老百姓常说，会说的不如会听的，我们都有过这样的经历：好话坏话都说尽了，对方就是不听。为什么子贡一说别人就乖乖照办呢？原因就在于他在游说对方时，始终站在对方的立场上考虑问题：为了保住鲁国，他先是站在田恒的角度去拉吴国参战，又站在吴国的角度去越国看风向，接着站在越国的角度帮他们盘算吴王，惹的吴、齐、越各怀鬼胎，最后还不忘去晋国上好保险，将所有人都引入了自己的预定轨道之中。试想，如果子贡只是想着达到自己的目的，而不去为对方着想，那些尔虞我诈的政治大腕会听他的吗？

我们也应该像子贡那样，学会换位思考，在与人打交道的时候充分考虑并满足对方的需求。很多人经常怨天尤人，说什么与人打交道难于上青天，其实打交道并不难，如果你觉得难，那肯定是你在做事的时候根本不顾及对方的利益，把自己的预定目标建立在了对方的损失之上。无我才能成就自我。如果觉得有些人、有些事、有些坎过不去——先推倒自己。

5. 有多少爱可以付出，你就有多少爱可以重来

心中有爱的人，灵魂会散发出芬芳。这种芬芳多少金钱都买不到，有时候也不需要钱买。这样的人，带给人们的主要是一种感动。这样的人自然会比普通人更容易接近成功。

著名讲师、三优网总裁姜岚昕先生曾在著作《用心——服务用嘴不如用心》中讲过这样一个小事。

十多年前，郑州车月文化公司总经理杨缮铭先生，与深圳一家公司谈合作，准备向对方订购一批图书。由于一些问题，双方谈了很长一段时间，进展缓慢，困难重重。好在双方最终达成一致，决定合作。于是，杨总在非常忙碌的情况下，为了表示合作的诚意，抽出时间，亲自带着20多万元的货款坐火车南下深圳去签合同。他一连坐了二十几个小时的火车，到达深圳，当时已经非常疲倦了，但他仍强打起精神，带着行李去与合作方见面。

然而，对方见到杨总只说了一句话，这句话就像一盆凉水，立刻让杨总内心做了个决定：就算对方开出再优惠的条件，也绝不与对方合作了。杨总说："当我和他们见面的那一刻，他不是问候我一路是否休息得好，一路是否顺利，有没有吃早餐，甚至连任何一句问候的话都没有，开口第一句话就问我'钱有没有带来'？当我听到这话时，就如同在喉咙里塞了一团棉花，在心里塞了一块冰一样难受。那一刻，我就在

心里发誓绝对再不和对方合作了！"

"世事洞明皆学问，人情练达即文章"，上面这位"对方"显然不懂这个道理。何为"人情练达"？简单来说就是懂事理，通晓人情世故。在以往，人们往往把"人情练达"与做人做事圆滑相联系，其实不然，"人情练达"必须得以"人情"为基础，讲人情的人，处世容易，人缘好，路子宽，有时甚至能一呼百应，无论顺境逆境，都不至于太失败。而不食人间烟火，冷面无情，甚至干脆除了钱六亲不认的人，其道路也只能是越走越窄，越走越坎坷。

中国人是世界上最重感情的民族。对于只认钱不认人的人，人们历来深恶痛绝，甚至称其为"禽兽"或"畜生"。其实这冤枉了动物们。动物也讲感情，狗妈妈生了孩子，你想抱走一个，它的叫声比谁都惨；老虎虽然凶恶，但"虎毒不食子"；有些动物还懂得赡养双亲，如乌鸦……

人，作为万物之灵，当然更不能不讲感情。这不仅是做人的基本，也是成大事的基础。美国钢铁大王卡内基也曾经说过："如果你拥有某种权利，那不算什么；如果你拥有一颗富于同情的心，那你就会获得许多权利所无法获得的人心。"人心是什么？人心即一切！得人心者得天下嘛！当然也不难赚取几个"小钱"。人心都是肉长的。你关心别人，别人自然会关心你。你帮别人，别人自然会帮你。如果身边的所有人都能关心你、帮助你，这世上还有什么事情不能办成？

我们再来看一个美国式的寓言：

圣诞节晚上，一位主妇看到三个白发老者坐在自家门前的台阶上。"你们一定饿坏了，进屋吃点东西吧。"她走过去，礼貌地招呼他们。

"哦，谢谢，我们坐会儿就走。"老人们回答。

尽管去做，别辜负成功的另一种可能

"如果不介意的话，请到屋里坐一会儿吧，外面这么冷，我们全家都欢迎三位与我们共度圣诞节。"她诚恳地说。

"你家男主人在吗？"见主妇点头，一个老人又说，"你先去征求一下他的意见吧。"主妇赶紧回屋，将此事告诉丈夫。丈夫说："亲爱的，你根本不必征求我的意见。快去告诉他们，请他们进来吧！"主妇再次跑到门外，邀请老人们进屋。

"可是，我们不能一起进去。"一个老人说。主妇感到疑惑。那个老人指着一个同伴说："他叫财富，"接着指着另一个同伴说，"他叫成功，我叫爱。我们只能进去一个人，你再和丈夫商量一下，看你们愿意让我们哪一位进去？"

主妇再次跑回屋，把老人们的话告诉丈夫，丈夫非常惊喜，他说："既然如此，我们就邀请财富老人吧！亲爱的，快去请他进来！"主妇不同意，她说："亲爱的，我们为什么不邀请成功呢？有了成功，我们还缺少财富吗？"这时，一边的小女儿插话了："爸爸妈妈，邀请'爱'进来不是更好吗？我认为，一个充满'爱'的圣诞节才是最好的。"

"那就听女儿的吧！"丈夫对妻子说。主妇第三次跑出去告诉老人们："你们如果不肯一起进来的话，那么请叫'爱'的老人跟我来吧！""爱"朝屋里走去，另外两个老人也跟在后面。主妇不解："刚才我邀请你们一起进来，你们说不能一起进屋。现在我邀请的是'爱'，你们怎么又愿意来了呢？"

"难道你不知道吗？哪里有爱，哪里就有财富和成功！假如你邀请的是成功和财富，那么另外两人就会留在外边。但是你邀请了爱。爱走到什么地方，我们就会陪伴他到哪里。"两个老人异口同声地说道。

没错。有爱就有一切。财富、成功等，不过是爱的附赠。心中有爱的人，灵魂会散发出芬芳。这种芬芳多少金钱都买不到，有时候也不需要钱买。这样的人，带给人们的主要是一种感动。这样的人自然会比普通人更容易接近成功。

福克斯说得好，只要你有足够的爱心，就可以成为全世界最有影响力的人。这里所说的"足够的爱心"，并不等同于动辄捐个十亿八亿，只要有爱心，无所谓钱多少、事大小。

美国著名歌星麦当娜，出道前在一家酒吧半工半读，她看不到任何希望。某天晚上，风雨交加，突然来了一位神情疲惫的老人，因为他只是来躲雨，没点任何饮料，所有服务人员都不拿正眼看他，唯有麦当娜走上前去，递给他一把椅子，和他愉快地聊天，并为他唱了一首自己写的歌。事情过去后，麦当娜就把这事忘了。但没多久，她收到一封信，信是那位老人寄来的，大概意思是说，自己是个越战老兵，无妻无子，收养了三个孤儿，但孩子们长大后谁也不管自己，那天晚上麦当娜的爱心让自己很感动，所以他思前想后，决定成全麦当娜：把所有财产送给她，支持她出自己的唱片。麦当娜正是靠着这笔钱，出了自己的第一张专辑。

如果其他服务员知道这个结果，我想他们当初会抢着去给那位老人递把椅子、陪他聊天……问题是，在知道这个结果之前，尽管递把椅子这样的爱心很小，却很少有人能够做、愿意做。普通人太市侩，也太功利，总是想让别人先爱自己，其实古语说得好，"爱人者，人恒爱之"，只有先行付出爱的人，才有资格要求别人爱自己。我们从来都不认同"人不为己，天诛地灭"的说法，但人也不能不为自己考虑。反过来说，人又不能只为自己考虑，否则就是自私，自私不仅是爱的死敌，也是成功的死敌。

6. 你要拥抱你的队友，感谢你的对手

歌德说："有个比你强的对手是件好事。一个人如能发现对手的长处，就会给他带来不可估量的巨大益处，因为这肯定会使他超过他的对手。"

"感谢人们对我的帮助，我一定会做出更大的成就回报大家"，这一类话我们经常可以在一些有关成功人士的访谈节目中看到、听到。这并不是一句客套话。一个人越有本事，需要借助他人的地方往往也就越多。比如那些著名主持人，没有造型师、编辑、导演等幕后人员，他们是不可能光鲜亮丽、语言流利地出现在大众面前的。

说白了，做人，尤其是成功人士，需要感恩。这是一种起码的良知，否则就是忘恩，这样的人，非但人生高度有限，而且很容易成为千夫所指，被社会抛弃。即使此前已取得小小成功，也维持不了多久。

美国人安东尼·罗宾年轻时只能在 10 平方米的单身公寓里栖身，生活一塌糊涂，人际关系恶劣，前途十分黯淡。但短短 20 年时间，他却成为拥有数亿资产的成功学大师。是什么力量让他走出困境，也让他取得了不可思议的成功呢？安东尼毫不隐讳地说："成功的第一步就是存有一颗感恩之心。时时对自己的现状心存感激，同时也要对别人为你所做的一切怀有敬意和感激之情。所以我们要感恩父母，感恩老师，感恩朋友，感恩同事，感恩生活，感恩所有的一切……"

体育界有句话：你不是一个人在战斗！在每一项团体运动中，如蓝球、足球、排球等，赢得成功固然需要主力队员扛大旗，但没有队友配合，也是无济于事的。有些个人项目，看似是一个人在战斗，实则也不是，每个运动员背后不站着一群教练、助教、助理与家人朋友？偏偏有些人看不到，刚刚取得点成绩就耍大牌，仿佛整个世界都装不下他了，结果招致人们的批评和社会的严惩。

举个正面的实例：

2008 年，美国一家媒体通过投票选出了 NBA 史上最伟大的 10 组双人组合，这些组合入选有一个前提，那就是彼此在同一支球队中合作达 5 年以上，且帮助该队赢得了巨大成绩，而 10 组组合中以昔日公牛队的传奇组合乔丹和皮蓬最为深入人心。从 20 世纪 80 年代末到 90 年代末，二人一起为公牛打了 9 个赛季，合力帮助球队拿下了 6 个总冠军，其中包括三连冠。乔丹和皮蓬组合之所以伟大，在于两人都是出色的攻守平衡的球员。乔丹是史上最好的进攻球员，皮蓬也是史上最为全面的进攻球员之一，此外，两人又都是联盟最佳防守阵容的常客。

鲜为人知的是，二人在最初相处时，完全不像人们后来看到的那么相得益彰。因为当时皮蓬颇有些年轻气盛，认为自己很有希望超越乔丹，并且常常对乔丹流露出一种不屑的神情，还煞费苦心地寻找乔丹的弱点，对别人说乔丹这里不如自己，那里也不如自己，自己一定会把乔丹击败，等等。连乔丹的一些助理都看不惯了，但乔丹并不把皮蓬当作威胁，也没有因为他的风言风语而排挤他，反而经常对他加以鼓励。

有一次休息，乔丹问皮蓬："你觉得咱俩的三分球谁投得更好一些？"皮蓬很不高兴地说："你这是明知故问，当然是你！"当时的统计数据确实显示乔丹投三分球的成功概率高出皮蓬 2.2%。但乔丹却微笑着纠正说："不，皮蓬，你投得更好些！你动作规范、流畅，很有天赋，以后会投得更好。但我投三分球时有弱点，我扣篮主要用右手，而且会习惯地用左手帮一下。可是你左右手都很棒，而且不用另一只手帮忙。所以，你的进步空间比我更大！"

这种大度让皮蓬大为感动，此后他一改自己对乔丹的不良看法，更多的是以一种尊敬的态度去尊重乔丹，向他学习。在之后的日子里，他们二人都有了不同程度的提高，他们的配合也越来越默契，为公牛队带来了一个又一个辉煌。后来有人说，"乔丹之后再无乔丹"，其实NBA永远不缺少王者，只不过缺少下一个皮蓬，所以有人纠正说是"皮蓬之后再无皮蓬"。可是我们看过上面的故事，可知皮蓬也是有的，皮蓬对乔丹的尊重与配合都是乔丹自己争取来的。我们不要总是盯着这些成功人士的球技，更要学习他们的人品，那才是他们真正值得学习、也能够学习得到的成功品质。

上面的故事还从侧面提醒我们：竞争无处不在，但是不要把对手的概念无限扩大乃至扭曲。世上没有不能交的朋友，不要因为你们是竞争对手，就认定对方是敌人、是小人，这样做只会把他们变成真正的敌人。只有敞开自己的胸怀，主动去接纳他们，他们才有可能成为对你有所帮助的贵人。

即使是真正意义上的敌人、小人，有时候也是可以赢得的。不能赢得，也值得感谢。有人说，人生需要四种人：名师指路、贵人相助、亲人支持、对手折磨。这四种人并不是一成不变的，一个人也可以身兼数职，比如你的亲人既可以是你的名师，也可以是你的贵人，同时，你的贵人也可能在某天突然间变成你的对手。当然，在某一天，他也有可能会重新变为你的贵人，只要你给他留下了这个余地。

对手当然会给我们带来压力，但歌德说过："有个比你强的对手是件好事。一个人如能发现对手的长处，就会给他带来不可估量的巨大益处，因为这肯定会使他超过他的对手。"埃德蒙·伯克也说："对手即帮手。"当今社会，竞争激烈，只要你还在参与社会竞争，那么你就少不了竞争对手。有些是纯粹的竞争对手，比如被聘任之前和你一同应聘的人；有些则是竞争兼合作型的，比如与你一同应聘成功的人。这时候，不管你是发自内心地把对方当对手看，还是当伙伴看，最重要的是不断学习。如果他帮助你，你要感谢他。如果他折磨你，你也要感谢他。因为他能使你冷静下来认清自己，也认清这个世界，从而逼迫你投入到战斗中，并想办法成功，想办法胜利。

尽管去做，别辜负成功的另一种可能

第八章
生活很复杂，你不能太简单

尽 管 去 做 ， 别 辜 负 成 功 的 另 一 种 可 能

世上没有绝望的处境，只有对处境绝望的人。当你感到悲哀痛苦时，最好是去学些什么东西。学习会使你永远立于不败之地。伟人之所以伟大，是因为他与别人共处逆境时，别人失去了信心，他却下决心实现自己的目标。

1. 为人处世之道，你有些必须得知道

如果深谙为人处世之道，掌握相关技巧，人际关系上就能游刃有余，就能助力事业成功。只有不谙处世技巧的人，才会处处受阻，到处吃亏。

人是社会的动物，没有对社会的成熟认知和把握，就谈不上成功。通常情况下，由于人多力量大，一个人能结识的人越多，成功的概率也就越大。

韩愈说过："人情忌殊异，世路多权诈。"意思是，世人所顾忌的是感情变化无常，而世间的人事偏偏多权变奸诈。世人都希望人们之间的感情能始终如一、诚挚不变，可惜世间的人事又太多奸诈、太多权变。抱怨人性无常是没有意义的，我们处在这个讲究人际关系的环境中，只能适应它。而且，我们要认同一点：如果深谙为人处世之道，掌握相关技巧，人际关系上就能游刃有余，就能助力事业成功。只有不谙处世技巧的人，才会处处受阻，到处吃亏。而且，即使是后者，也未必都是坏事，吃亏是福嘛，好多人的成功都是吃亏吃出来的。

不过，有些亏是我们吃不起的，也不能吃的。如果对方只是想占些小便宜，那大可不必计较；但很多人原本就是得寸进尺、贪心不足的。所以孔子教导后人，在社会交际方面要非常慎重。

孔子将人们的交往对象统称为"友"，具体说来分益者三友，损者

三友。益者三友，就是三类好朋友，友直、友谅、友多闻，即正直的朋友、宽容的朋友和博学的朋友。这样的朋友多了，自己也就成长了。损者三友则是指三类坏朋友，友便辟、友善柔、友便佞，即谄媚逢迎的朋友、表面奉承而背后诽谤人的朋友、善于花言巧语的朋友，这样的朋友是有害的，跟他们交往的时间长了，自己难免不被带到沟里。但人谁都难免交上这些朋友，毕竟一个人品性如何必须经过长久的相处才能看出来。刚开始看不出来不要紧，但看出来之后，就要立即远离这样的人，多亲近那些对自己的事业与灵魂均有益的朋友。

但是，这并不意味着我们要效仿孟母，频频搬家。人有时候是没法选择环境的。我们所说的离谁近、离谁远，是指心理上的远近。喜欢一个人，就喜欢得不得了，恨不得搬到他所在的村子；不喜欢一个人，就讨厌得受不了，甚至脸上、言语上带出来，那都是毫无处世技巧的表现。世路艰难，人心难测，我们一定要学会隐忍。

不过，这却是孔子也没能做到的。他实在太正直了。因此，孔子非常佩服一个叫宁武子的人，称他"邦有道则知，邦无道则愚"。知，在这里是聪明才智的意思；愚，是明哲保身的意思。孔子认为，论聪明才智，他可以和宁武子相提并论，但论明哲保身，自己远远不如宁武子。孔子又说，道不同不相为谋。在一些大是大非面前，这样做肯定是对的，但引申到现代生活中，真正能上升到道的高度的事情，其实也不太多。

总的来说，人还是应该多交朋友，多与世界、世人发生联系，哪怕志趣不是太投合、理念不是太一致，但只要可以合作，有相互助力的可能，就不要太挑剔。孔子的门人子张也曾说过：水至清则无鱼，人至察则无徒。

年轻人最爱犯的错误，就是认为这个世界应该黑白分明，是非截然，而不愿意认同这个世界除了黑白两色之外，还有巨大的灰色地带，世界上的很多事情往往也没有绝对的是非对错。很多年轻人都有类似的困惑：为什么我坚持真理，到头来碰得满身是伤呢？为什么我做得很正确，却总是无法求得好的结果呢？问题就出在了"正确"上。何为正确？一加一等于二正确，一加二等于三也正确。但生活不是算术题，生活的要义是解决问题。你如果办不成事、解决不了问题，就算你观点、行为都正确，也无济于事。

另外，我们前面说过，很多人，不与他打交道，谁也无法确知他究竟是好是坏。坏人与好人，都是先由陌生人做起的。我们不能戴着有色眼镜把世人都看成坏人，我们还要明白很多人都是亦好亦坏、不断在好与坏间转变的。对此，完全不与世人打交道看似保险，但不现实。还是那句话：要小心地与之合作。

网上有这样一个案例：

几年前，广东某企业在选择市场战略时看准了中国保健品市场，该企业总裁黄先生想方设法与广州某科研机构建立了关系，希望对方能为自己研制一种怡口爽神、健体增智的新型保健饮料。在该企业提供了市场构想及饮料部分原始数据后，研究所爽快地答应了。合同约定，该企业向研究所提供 500 万元研究经费，研究所方面则要把他们的研究进展情况按阶段进行详细的书面报告。为防万一，黄先生还派了几个刚从某化工厂挖来的研究人员，以协助研发的名义参与开发研制，了解进展情况及实验细节。因为在此之前，已经有很多企业和研究所合作出现了乙方失败或中途退出的先例，他不得不多长个心眼。

结果正如黄先生所担心的那样，饮料试剂开发出来之后，由于这种

尽管去做，别辜负成功的另一种可能

饮料无论在色泽、口感还是成本上都相当成功，因此研究所方面便动起了歪脑筋——他们想通过自己筹措资金建立饮料厂独占市场，而不愿与黄先生分享成果。很快，研究所对外宣布说开发过程由于种种因素陷入停滞状况，无法继续下去，该研究所愿意赔偿300万元，并向黄先生道歉。

黄先生并未感到突然，因为他从研究所递交的报告及派去的研究人员的汇报中就隐隐感到不对。以往在这种情况下，一般的公司只好自认倒霉，接受不多的赔偿。然而黄先生却有自己的防范措施，他马上用高薪高福利去挖人才，尤其是这个研究所的几个对试验起关键作用的专家，同时他抢先向国家专利局申请了专利。双管齐下，专家如约而来，研究所既失去了人才，又无法进行合法的生产，最终黄先生如愿以偿，得到了新型保健品饮料的科学配方。

看看吧，研究所这么正规、这么高尚的单位，如今都学会赚昧心钱了。看来，做人，光有真诚、善良是远远不够的，还得有智慧和必要的防范措施。如果你太实诚，你基本上在这个世界上难有发展余地。你必须有与狼共舞的勇气，必须谨记"先小人，后君子"的格言，做好足够的防范措施。

普通人虽说很难有这样大的手笔，但原则是不变的。比如，有些人我们明知他们有贪小便宜的弱点，但我们也知道，与他们合作对自己利大于弊，因为他们或是掌握着某些独特优势，或是具有某些普通人不具备的能力，在这种情况下，坚决不与之合作是不明智的。至于那些与工作、事业无涉的人，我们当然拥有更多选择权，内心确实不愿和他们打交道，就不必勉强自己，但也没必要刻意得罪他们。

2. 你可以借力，但主力永远是自己

成功是个系统工程，我们要学会借力、借势、借光，但主力永远都是我们自己。否则，再会借的人，也有借不到的时候。

是时候讲些成功诀窍了。

成功究竟有没有捷径呢？严格意义上说是没有的，但相对程度上说是有的。大科学家牛顿说过："如果我比别人看得远，那是因为我站在巨人的肩膀上。"站在巨人的肩膀上——这就是捷径。荀子也说："登高而招，臂非加长也，而见者远；顺风而呼，声非加疾也，而闻者彰。假舆马者，非利足也，而致千里；假舟楫者，非能水也，而绝江河。君子生非异也，善假于物也。"翻译过来就是说：登上高处招手，手臂并没有加长，但人们在远处也能看见；顺着风向呼喊，声音并没有增强，但听的人却听得更加清楚。借助车马的人，脚步并不快，却能到达千里之外；借助船舶楫桨的人，不一定善游水，却能够横渡江海。所以说，君子与一般人并没有本质的差别，只是善于借助外物罢了。

古文中的君子，与现代意义上的君子有着本质的区别。现代人口中的君子，大意是好人，而古人所说的君子，尤其是此处所说的君子，说白了就是今天的成功人士的意思。因此，古往今来的善借者，绝不仅限于正人君子。但这也不意味着借力就一定可耻，事实上，放眼天下，都离不了一个"借"字。

明朝开国重臣刘基曾经做过一首诗，诗云："东山导骑出岩阿，能使枯蒲贵绮罗。却恨卞和无禄位，中宵抱玉泪成河。"这是什么意思呢？大意是说，东晋时，有一个制造蒲扇的乡下小作坊主，不知怎么的就跟当时的名士、后来的宰相谢安拉上了关系，他让谢安做自己制造的蒲扇的形象代言人，尽管他卖的不过是些蒲草编成的扇子而已，但借助谢安的名气地位，这么个小生意三做两做竟然做得异常火爆，供不应求，害得他只好将蒲扇价格一涨再涨，最后竟跟别的商贩用丝绸做的高级扇子相差无几。

而诗中另一位历史人物——卞和的命运就显得太悲催了。卞和是战国时候的楚国人，有天进山，偶然发现一只凤凰停在一块石头上，按照当时的说法，"凤凰不落无宝之地"，卞和赶紧跑过去，结果发现凤凰停过的石头果然是一块璞玉。可惜的是，卞和人微言轻，原本指望得到赏赐的他把璞玉献给楚王后，反倒被说成是骗子，被斩断了双脚，赶出王宫。卞和无奈又无助，抱着那块璞玉在宫外哭了数日，最终感动了一位识货的老玉匠，老玉匠将璞玉琢磨成了一件价值连城的名器，也就是后来的和氏璧。刘基最后两句诗的意思就是说：这个卞和真傻，他怎么就不会拉上个著名人物当他的代理人，或者至少帮他说两句求情的话呢？而翻回头看看那个请谢安当代言人的小作坊主，他的主意有多高明吗？还不就是请个明星嘛！但就是这么简单的一件事，很多人偏偏学不会。

不要一谈到"借"字就不好意思。这个世界上，谁敢说自己没借过？尤其是那些成功人士，谁敢说他的成功不需要借力？谁敢说他的成功中没有借力？你借别人的力，别人也借你的光，相互借重而已。其实不仅人离不开借，即使是孙悟空也离不开借。有人做过统计，在《西游记》中，孙悟空先后借过 150 多次，借人、借法力、借法宝、借云、借雨、借风、借雷……只要是自己需要的，孙悟空基本上都借过。而且到了取经末期，孙悟空越来越擅长借，遇到妖怪，自己都懒得打了——一个跟头直接跑到南海找观音菩萨解决问题！

当然有人会说，穷帮穷，富帮富，官面帮财主，我倒是想借，没人借给我怎么办？这倒也是现实。就说孙悟空吧，有时候也难免借不到，个别情况下还会借来害处，比如借芭蕉扇时，初时铁扇公主根本不想借他，在被他施计谋钻进肚子一番折腾后，又借了个假的给他，结果不仅没把火扇灭，反倒越扇越大，把猴毛都烧焦了。这就值得我们深思，为什么唯独铁扇公主不肯借扇子给孙悟空？其实原因我们都知道：先者铁扇公主的孩子红孩儿被观音收服，在神仙界看来，这是宽大处理，但在妖精界看来，这绝不是什么好差事。别说孙悟空还跟红孩儿恶斗过，即使他没跟红孩儿恶斗，铁扇公主也绝对有理由迁怒于他。这样说来，想借遍天下，首先得有天下人都感佩的德行。

孙悟空犯的另一个错误就是在铁扇公主明确表示不借的情况下用强，从而借来了一把假芭蕉扇。其实在铁扇公主不借给他的情况下，孙悟空并非没有别的方式可供选择，比如请自己的结义大哥也即铁扇公主的夫君牛魔王去借，请与铁扇公主关系好的人去借，或者干脆请观音等人去借，再或者想一些别的办法过火焰山也行，但他偏偏选择了用强，最终使问题复杂化，再想故技重施骗铁扇公主的难度也大大增加。所以说，孙悟空虽然可亲可爱、可敬可佩，但他就像现实生活中的很多人一样不智，不值得效仿。

总的来说，借力使力不费力，借脑用脑没烦恼。不会借的人，即使拥有天时、地利、人和，最终也难逃脱失败的命运。会借的人，即使身处绝境，也不难借到自己需要的各种力量。但是，成功是个系统工程，

尽管去做，别辜负成功的另一种可能

我们要学会借力、借势、借光，但主力永远都是我们自己。否则，再会借的人，也有借不到的时候。

我本人在经历过无数次失败后，悟出了一个心得，姑且称它为"公转自转理论"：所谓公转，也即围绕着所有与你成功有关的资源下功夫，包括人脉、业务、客户，等等。所谓自转，就是修炼自己的核心竞争力。一个人想成功，公转是必需的，自转更是必需的。否则对方一旦不转了，你跟着别人的屁股转也是白转，怎么转都玩儿不转。但有了核心竞争力，有了足够的本钱，别人爱转不转，只要你自己运转正常，你不仅可以立即调整自己的运行轨道，还能吸引别人围着你公转。

3. 你需要面子，但更需要里子

面子与里子是相辅相成的，也要讲究个轻重缓急。普通人一般先修面子，再长里子，认为自己正因为没里子，所以才应该用面子遮挡一下。

美国传教士明恩溥在《中国人的气质》一书中写道："初看上去，用'面子'这个全人类都有的身体部位来概括中国人的'性格'，没有比这更为荒谬的事情了。但是在中国，'面子'一词可不单指脑袋上朝前的那一部分，而是一个语义甚多的复合词，其内涵之丰富，超出了我们的描述能力，或许还超出了我们的理解能力。"

的确，即使是土生土长的中国人，我们也很难对面子下个准确的定义。但有句俗话说，"死要面子活受罪"，乍听上去，面子不是个好东西。其实不然。面子很大程度上相当于脸面，多少关系到做人的尊严，人要点面子是可以的，也是应该的，但就怕死要面子，更怕要面子要到了万劫不复的程度，却丝毫不要脸。

面子是需要代价的。很多人为了面上有光，不惜背地里苦着自己。比如有些人，明明经济实力不行，自己也没有太多开私家车的需要，但省吃俭用贷款透支都要买辆私家车。有的人实在弄不来钱，只好吹，结果最终难免吹漏了底。

面子并非中国人的专利，不同文化下的人们拥有不同的面子观。英语里固然不常强调"face"（面子），却经常提到"image"（形象）。中国人可能为了在人前保住面子言不由衷，美国人也可以为了在人前树立起一个完美的形象自欺欺人。不过西方人向来注重里子胜过面子。在需要的时候，面子也好，脸也好，可以完全不要。这固然是极其丑恶的，但反照自身，也并非没有值得我们反思的地方。

面子，总的来说是一种与假大空挂钩的东西。但太不讲究面子，尤其是不注意别人的面子，也不是什么好事。一般来说，成功人士大多要点面子，同时注意给足别人面子，但与此同时他们更在意里子——实实在在的东西。

成功学中有个"喝水/挑杯子"理论：为了喝水，人们要去拿杯子，杯子有很多种，比如纸杯、瓷杯、玻璃杯、钢杯、铜杯、水晶杯、金杯、犀角杯……造型也各式各样，方的、圆的、高的、矮的、异形的……对大多数人来说，拿什么杯子喝水都一样，但是大多数人在同时面对这么多杯子时，都会尽量挑选自己认为最好看别致的杯子，很少有人会直接拿最便宜的一次性杯子，更少有人从一开始就明白自己真正需要的是水，而不是杯子。

举个例子吧：

三国时期的吴国奠基人孙坚，据传为孙武的后代，因为征讨黄巾军有功，被拜为长沙太守。在讨伐董卓的过程中，孙坚意外地发现了流落在外的传国玉玺，遂起私心，藏匿玉玺返回，不料事情泄露，因此与袁绍、刘表结仇。不久，孙坚在与刘表手下黄祖的交战中，中伏而死。

孙坚死后，长子孙策接班。但孙坚除了给孙策留下了一点虚名和那块有市无价的玉玺之外，没有留下任何有价值的资产，比如人马与地盘。这就好比一个将要破产的企业，既无资金，也无项目，政府也不支持。思前想后，孙策投奔了大企业家袁术，本指望着为袁氏企业奋斗终身，但袁术此人却没有一点大老板的风度，孙策为他打了胜仗，不封赏不说，还借机羞辱他。

所谓痛定思痛，孙策决定自立门户，但资金从哪儿来呢？借——跟袁术借。打定主意后，孙策先征求了一下老员工程普等人的意见，这话刚一出口，程普就立即摆手说不可，说袁术是想得此玉玺，但你父亲孙坚就是因此玉玺和诸侯结怨，而被刘表之兵害死于乱箭之中。用老将军生命换来的玉玺，怎能拱手献给袁术呢？但孙策说，几位老将军说得在理，玉玺确是传国之宝，但手中无兵，迟早会得而复失。我要用这夺去我父性命的玉玺，换来先父梦寐以求的江山！不久，孙策果然以玉玺作抵押，从袁术那儿借了三千兵士和五百战马，还得了一个不大不小的官职——折冲校尉、殄寇将军。

后来，孙策在兵发江东途中巧遇周瑜，提起此事，周瑜也是大惊失色，说，哎呀，不妥啊，只怕是日后退了他兵马，那袁术也不肯将玉玺归还啊！孙策却笑着说，不会啊。这不是他还不还我玉玺的事，而是我还不还他兵马的事！周瑜更吃惊了，说兄长切勿戏言，些许兵马怎能与传国玉玺相比呢？孙策盯了周瑜片刻，说当今诸侯相争，天下大乱，那玉玺在袁术这种人手中，不过是想做几年皇帝梦。兵马在我手中，就可以开疆扩土，总有一天我要尽得江东六郡八十州！完成父亲未竟的大业！后来，孙策果然凭借这"些许"兵马左冲右杀，将江东六郡收入囊中。

换作是你，你会拿玉玺换兵马吗？也许你会说，我哪儿有啊，我想换也没得换。实际上这是机械地理解了我的意思，我并不是说让你拿家传的宝贝去换钱然后开个公司，而是奉劝你无论做什么事情，都要注重

尽管去做，别辜负成功的另一种可能

192

实质，看淡那些表面上的东西。玉玺这种东西就是人们的面子，没有人不想要，但面子岂是你想要就要，花点心思装装相就能装出来的？就算你有了传国玉玺，你就能当皇上了？汉献帝倒是有传国玉玺，不是该下台还得下台吗？刘备和孙权登基时都没有玉玺，但你能说他们不是皇帝吗？

很多人热衷于搞搞形象工程，搞假大空，这些人应该明白，一件事情，不论你把表面做得多么漂亮，它都架不住实力的冲击。面子是靠里子支撑的。没有里子，不注重实力、本质的提升，生活随时可能让人颜面扫地。而有了里子，面子其实是想推都推不开的。

从哲学角度论，面子与里子是相辅相成的，也要讲究个轻重缓急。普通人一般先修面子，再长里子，认为自己正因为没里子，所以才应该用面子遮挡一下。受此影响，他们会把大部分精力花费在服饰、行头、打扮、举止上，这并非绝对错误，但梭罗说过，笨蛋终归是笨蛋，随便你怎么精心装扮。在需要真才实学的时候，这种华而不实的面子工程会被瞬间戳破。但是反过来说，如果能在充实里子的同时，适当注意些形象，也不是什么坏事。如果只因为面子稍差而丧失宝贵机会，那多令人遗憾？

4. 你可以有点脾气，但必须控制情绪

不会愤怒的人是庸人，只会愤怒的人是蠢人，只有能够控制自己的情绪、做到尽量不发怒的人，才是聪明、成熟的人。

20多年前的一个夏天，当时我还在上高中，暑假期间，我随一位姓张的老乡去某工地打工。老张是个木匠，但没正式拜过师，手艺不是很全，加之整个工地就我俩是"外人"，人单势孤，因此备受歧视。别人不加班，你得加；别人不愿意干的活，你得干；别人可以支 100 元，你只能支 50 元……最可气的是，一旦工作上出了问题，他们总是推到老实的老张身上：这是老张干的！刚开始，老张啥也不说，直到有一天，他实在忍不住了："这也是我干的，那也是我干的，到底什么是你们干的？你们什么都不干，所以一点儿也干不差！"这话正巧被老板听到，他非常欣赏这句话中的哲理，不久就把老张和我调往另一个工地，老张立即荣升为小工头一枚。

据我所知，老张直到现在也还是个普通木工，说他是成大事者，那有点讽刺人。但老张当时的态度无疑值得我们学习。电影中不总是说嘛，忍无可忍就无须再忍。一个人总是忍，会被人看扁，而不是会被人看成有风度。有些事情，的确是忍一忍风平浪静，有些人却是你越忍，他越觉得你是弱势群体，好欺负。对他们，不能一味客气，在适当的时候，要通过合适的方式而不是勃然大怒告诉他们，泥人也有三分土性，

自己也是有点脾气的，不要再得寸进尺！

有脾气与有涵养并不冲突，比如我们熟知的《三国演义》中张飞鞭打督邮的故事，真正的"肇事者"其实是宽厚的刘备。当然，这里绝不是教唆人打人，只是讲这么个道理。古往今来，凡称大家者，大都有点脾气、有点个性，甚至有点狂浪，而绝对意义上的老好人，能取得大成就的则无一人。

当然，有脾气充其量是把双刃剑，有时候发发脾气还是一种必要的技巧。但是，人必须学会控制自己的情绪，不能让脾气牵着鼻子走。所以，我们必须对上面那句话加个注脚——古往今来，能成大器、成大事者，大都有点脾气，但也都管得住自己的脾气。

人一愤怒，就会短路，学识、修养、经验、见识、智慧、理性，统统都会在一瞬间荡然无存，多么粗暴、多么无耻的事儿都干得出来。只有控制住情绪，理性和人性才会回归。人生苦短，生命也很脆弱，即使有再大的怒火，也应尽可能地息怒，尽可能地用智慧去解决。一味生气，其实是缺乏修养与智慧的表现。

近代民族英雄林则徐，青少年时期脾气既急且暴。考取功名，即将赴任时，其父还很不放心地嘱咐他一定要管好自己的暴脾气。林则徐为了让父亲放心，当场写了两个字——制怒，并把它制成横幅，随身带着，时刻警惕自己。时间一久，他还从中悟出了制怒养身的道理。

魏晋名士王述的功夫更深。史料记载，有一天，王述吃煮鸡蛋时突发奇想，试图用筷子扎住鸡蛋，但鸡蛋光溜溜的，他怎么也刺不中。王述因此大怒，他抓起鸡蛋掷于地下，但鸡蛋竟无巧不巧地没被摔烂，而是继续在地上滴溜乱转。王述更加恼怒，便伸脚去踩鸡蛋，踩来踩去仍踩不中。王述怒不可遏，索性弯腰捡起鸡蛋，直接放进口里狠狠咀嚼一番，然后"呸"的一声吐在地上，这才算解气。然而有一次，他因为一件小事得罪了谢安的哥哥谢奕，谢奕也是个性情粗暴的主，他直接找上门去，对着王述破口大骂，王述始终一言不发，最后他还转过身去，面对着墙壁。直到谢奕骂够了，离去很久了，他才问左右的小官说："安西将军（谢奕的官职）走了没？"答曰："走了好一会儿了。"王述这才坐回座位。

我们再来看一个反面案例：

美国陆军四星上将乔治·巴顿号称"铁胆将军"，他颇有指挥将才，并且发明了巴顿剑，但脾气火爆，训斥部下极为粗鲁、野蛮，有些媒体甚至称他为"美军中的匪徒"。

1943年7月，正值第二次世界大战高潮之际，巴顿被任命为美国第7集团军司令，在英国人亚历山大将军的指挥下，配合蒙哥马利将军的第8集团军在意大利西西里岛登陆。有一天，他来到后线医院看望伤员。

巴顿来到一位病号前面，问他："你有什么要求？"

"我要回国。"病号小声回答。

"为什么？"巴顿又问。

"我的神经不好。"病号回答。

巴顿已经有些生气了，但他强压怒火，假装没有听清："你说什么？"

"我的神经不好，我听不得炮声。"病号适当提高了声音。

这下，巴顿再也忍不住了，他大吼道："去你妈的神经！你是个胆小鬼！你是个浑蛋！"骂完后，巴顿并不解气，他还走上前打了病号一个耳光。看到病号委屈地流泪，他再次大吼："不许你这个浑蛋哭泣！

尽管去做，别辜负成功的另一种可能

我不允许一个胆小鬼在我们这些勇敢的战士面前哭泣！"

病号受到侮辱，哭声更大了。巴顿的怒火也更大，他再次上前打了病号一耳光，还把病号的帽子丢到门外，并大声对医护人员说："你们以后不能接收这些浑蛋，他们一点儿问题都没有，我不允许这些没有男子汉气概的浑蛋在医院内占位置。"

说完，他又一次对病号吼道："你必须到前线去！你可能被打死，但是你必须去！如果你不去，我就命令行刑队把你毙了！说实在的，我本该现在就亲手毙了你！"

结果，这件事情很快被媒体公开，在美国引起轩然大波。很多士兵的母亲要求立即撤换巴顿，某人权组织还要求将巴顿送上军事法庭。尽管后来美国军方和政界千方百计为巴顿开脱，力争大事化小、小事化了，但此事最终影响了巴顿的"前途"——1945 年，对德战争刚刚结束，巴顿便因脾气暴躁，作风浮躁、轻率，以及政治上的偏见被撤职。

将军训斥士兵，在各国军队中屡见不鲜，唯有巴顿因为不能控制自己的情绪，行为过激引起了全国民众的强烈反对，为其日后撤职埋下了伏笔。可见无论在任何场合，做任何事情，我们都应该冷静、稳重，把握好分寸。只知道发泄自己的怒火，就是用别人的错误惩罚自己。不会愤怒的人是庸人，只会愤怒的人是蠢人，只有能够控制自己的情绪、做到尽量不发怒的人，才是聪明、成熟的人。

5. 挺起腰杆的你，该弯腰时也得弯腰

人生就是个不断争取又不断妥协的过程，争取与妥协还往往同时发生，互为因果。妥协，无非是争取的另一种方式。

前两年，网上曾报道某山西富豪数千万嫁女一事，结果引起了轩然大波。后来的跟踪报道还显示，此富豪的资产有点问题。此处抛开这种做法是否妥当暂且不提，单就那场婚礼的豪华程度来说，其实并不太出奇。放眼世界，有钱人办的烧包事多了去了。比如曾经的亚洲首富、印度米塔尔钢铁公司主席拉克希米·米塔尔 2004 年嫁女时，手笔大到一掷 6000 万美金！米塔尔是如何成功的呢？他曾经这样讲过："做一个印度人是一个真正的优势……如果你从小在一个有 300 多种语言和少数民族的国家长大，你将学会如何消除分歧，达成妥协。"

人生在世，很多事情必须去争取，米塔尔如果仅仅会妥协，不懂得争取，他也不会成为现在的米塔尔。但反过来看，正像他所说的，如果不懂得消除分歧，达成妥协，成功照样无从谈起。

有着"神经病"思想家之称的美国人艾因·兰德写过一篇文章——《生活需要妥协吗》。该文的整体基调是：尽量不要妥协，更不要为妥协找借口。否则一旦失控，你就会爱上妥协，无节制地后退。但思想家也隐讳地讲到，除信仰与原则等大问题外，适当妥协也是应该的。但在这种情况下，类似妥协其实又称不上妥协。大度的人是不会为此感到丝毫

不适的。比如，你不喜欢听音乐，但是你还是和自己爱人去听了，这算不上妥协。你替与自己观点不同的老板工作，也算不上妥协。不过，你明明观点与老板不一致却装作与他一致，则是毫无疑问地妥协。再比如，你接受出版商的合理性建议并修改自己的作品，这也算不上妥协，但你若违背自己的判断和标准，以取悦出版商和公众阅读者，却是一种妥协。

一般来说，像作家、思想家、艺术家这类人不要轻易妥协，因为就像凡·高所说的，艺术家的生命只是一个播种的季节。当然，在学习凡·高为艺术献身精神的同时，也要以他为鉴。一个人活到最后活成了悲剧，怎么说也不值得效仿。至于普通人，妥协则是成功的必由之路。同样，即使是普通人，也不能为了成功什么都妥协。成功需要妥协，但妥协来的成功，往往已经不是成功。

众所周知，我国在加入世贸组织之前，经过了几乎是无限期的谈判，过程非常艰难。谈判后期的主要负责人龙永图在谈判成功后曾经说过："谈判实质上就是妥协。不可能只有一方受惠。就是出现这种情况也不会长久。谈判的要义是双方或几方在妥协中找到都可以接受的办法。"这一原则同样也适用于每个个体。

我们来看一个古代的故事：

明朝时，苏州有个姓尤的富商，人称尤翁。尤翁在城里开了一家大当铺，有一年冬天，年关将至，一个穷邻居空着手找到当铺，要赎回早先当在这里的一些衣物。站柜台的伙计自然不会同意，穷邻居便破口大骂。尤翁正在后面算账，听到吵闹便走了出来，非常和气地对穷邻居说："你不过是为了年关发愁嘛，何必跟一个小伙计计较？"随即命人将他的衣物找出来四五件，指着其中的棉衣说："这个你可以用来御寒，不能少。"又指着一件袍子说:"这是给你拜年用的。其他的你拿回去也没用,我看还是暂时放在这里吧。"穷邻居以一种不可思议的眼光看了看尤翁,拿上东西转身离去。谁也没有想到,当天夜里,这个穷邻居竟然死在了别人家!那家也是一个富商,在城里开着几间店铺,穷邻居的家人同那个富商家打了好长时间的官司,狠狠地敲了那家人一笔。

原来穷邻居原本就是有备而来。他因为好赌成性,在外面欠了很多钱,无路可走,便想自杀,但妻儿老小无法安置,于是他事先服了毒,本想敲诈尤翁,但尤翁不跟他计较,给足了他面子,他不好意思之余,转移目标,祸害了另一家人。事后,当铺的伙计问尤翁,您老是怎么事先预知的?尤翁说:"我也没料到他会走绝路。但我知道一点,凡是无理挑衅的人,一定有所依仗。如果在小事上不能忍耐,那么多半会招灾惹祸。"

这个故事告诉我们:弱者需要妥协,强者同样需要。因为现实生活中的一些人,的确就像尤翁说的一样,明明自己没理,偏要无理取闹,有的人是仗着自己块头大、力气足、财力雄厚、有个善于贪赃枉法的后台,等等;有的人则是像故事中的穷邻居一样,仗着自己能把破落户坚持到底,仗着自己活着比死了强不了多少,用他们的话说便是:我这光脚的还怕你这穿鞋的不成?!俗话说:软的怕硬的,硬的怕横的,横的怕不要命的,不要命的怕既不要命又不要脸的。这几种人都不是好人,如果你不想跟他们一样,辱没了我们生而为人的高贵,最重要的是不想因一时之气葬送自己,那么,别跟他们讲理,因为他们若是讲理的话根本就不会无理取闹。也别跟他们生气,因为不值得。你只需冷静地想想他们跟你折腾究竟是为了什么,必要时做一些必要的让步或妥协就行了。事实证明,这些人要"争取"的往往也并不多,因为他们的素质和

尽管去做,别辜负成功的另一种可能

格局早就决定了他们只能在鸡毛蒜皮、块儿八毛上兜圈子。人生还有很多大事等着我们去做，即使只是为他们浪费点儿时间，也是很不值得的。

最后要说的是，人生就是个不断争取又不断妥协的过程，争取与妥协还往往同时发生，互为因果。妥协，无非是争取的另一种方式。当决定权在我们手中时，我们还要考量妥协的尺度，比如上面故事中的尤翁，如果他把穷邻居的所有衣物都还给他，未必最合适，因为那反倒有可能让穷邻居产生此人软弱怕事、正好讹他一把的心思；其他素质低的人也会有样学样，那尤翁这生意还做不做？

第九章

受伤了，梦想依然在等你

尽 管 去 做 ， 别 辜 负 成 功 的 另 一 种 可 能

失败也是我们需要的，它和成功对我们一样有价值。一次失败，只是证明我们成功的决心还不够坚强。在成功的道路上，我们跌倒了、受伤了，但只要我们有梦想，只要我们爬起来，继续朝着梦想前进，最终就一定能够实现梦想。

1. 你必须伤得起，别急着选择一败涂地

人永远不能绝望，不绝望，才有希望，才有把希望实现的不竭动力。

几年前，有首名叫《伤不起》的口水歌非常火爆，大街小巷都在唱："伤不起，真的伤不起……"有意思的是，一些擅长跟风的人很快推出了一首《伤得起》，歌词虽说不再那么朗朗上口，但仅从字面意思上看，无疑比前者更具正能量。

哲学家说：不受挫折，除非夭折。想过普通的生活，就会遇到普通的挫折。想赢得傲人的成就，就一定会遇上最多的伤害。这世界很公平，想要最好，就一定会给你最痛。能闯过去，你就是赢家；闯不过去，放弃了，也还是要受伤的。受伤了，生活还得继续。因为人只要活着，就得受伤。所以，不论多苦、多累、多伤、多痛，我们都得伤得起。

我们来看一个反面例子：

20多年前，日本松下电器公司准备招聘10名基层管理人员，由于松下是大公司，待遇与发展空间都很好，所以报名者竟多达几百人。经过面试和笔试，松下幸之助总裁发现一个叫神田三郎的年轻人是个难得的人才，不仅笔试成绩非常优秀，其言谈举止也给自己留下了很深的印象。但是，当秘书小姐将录用名单交到松下手上时，松下却没发现神田

三郎的名字，于是他派人马上复查一下考试成绩，结果发现神田三郎的成绩总分名列第二，只因电脑出了故障，把分数和名次排错了，才导致神田三郎落选。松下立即吩咐下属纠正错误，同时给神田三郎发录用通知书。哪知第二天松下却得到消息：神男三郎因为没被录用跳楼自杀了！

松下幸之助沉默了好长时间，一位助手为打破沉默，在旁边自言自语："多可惜啊，这么一个有才干的青年，我们却没有录取他……"

"不，"松下摇摇头说，"幸亏我们没录用他。这种小挫折都受不了的人，是干不成大事的。世界经济风云变幻，我们的公司要发展，每个人都会遭遇到比求职落选更大的失败或挑战，这种一失败就以自杀了之的人，你敢任用吗？"

大的方面姑且不谈，求职落选这种事情，当真如松下所说，实属小挫折。具体到神田三郎而言，那还是个没有落实、有待纠正的挫折。无疑，命运待他不太公正，偏偏那时候让电脑出了差，但命运这种东西是不能抱怨的，要怪也只能怪他不给命运改错的机会，就匆匆忙忙地选择了一败涂地。

如果我们再看看松下幸之助本人早年的求职经历，就会发现类似神田三郎之类的挫折，实属小巫见大巫，不值得一提。

松下幸之助的父亲是个小商人，9岁那年，因父亲生意失败，只受过4年小学教育的松下不得不辍学去当学徒。后来，松下先后从事过自行车制造、电工、推销员等工作，最终对电器行业产生了兴趣。为此，他放弃推销员的工作，转而去一家电器公司求职。

他找到那家公司的人事主管，请求给自己安排一个强度最大、环境最差、工资最低的工作。对方看了看他，又瘦又小，衣着肮脏，觉得很不理想，就委婉地说："我们现在不缺人，你过一个月再来看看吧。"这是明显地推托，但松下不这么认为。一个月后，他非常准时地找到对方。对方没想到他还会来，只得继续推托："我现在有事，没时间接待你，过几天再来吧。"

过了几天，松下又来了，主管又推脱，如此反复几次，主管实在不耐烦了，只好直说："你看看你，浑身上下脏兮兮的，根本进不了我们公司。"松下听了，立即回家借钱买了一套衣服，穿戴整齐，再次面试。主管见他如此实在，实在无话可说，便换了个方式为难他："我们公司是搞电器的，据我了解，你对电器方面的知识了解得太少，所以，还是不能录用你。"

主管以为眼前的年轻人再也不会来麻烦自己了。没想到，两个月后，松下又出现在他面前，坦诚地说："我回去后，下功夫学了不少电器知识，您看哪个方面还有差距，我再一项一项地弥补。"主管盯着松下看了半天，感慨地说："我干这工作几十年了，还是头一回见到你这样的人。我真佩服你的耐心和韧劲。"

就这样，松下如愿以偿地进入了这家公司。

松下求职的故事，后来被他浓缩成一句名言："永不绝望的诚恳和毅力，会改变既定的事实，化解人的坚定意志。"是的，人永远不能绝望，不绝望，才有希望，才有把希望实现的不竭动力。

时下的一些青年，特别是刚刚走出大学校门的青年，可能不太认同松下幸之助当年的做法。所谓"此地不留爷，自有留爷处；处处不留爷，爷回家卖豆腐"，有必要为一个工作机会坚持坚持再坚持呢？客观地说，如果是一个普通的工作，确实没必要太坚持，回家卖豆腐，也就是现代意义上的创业，更是这个社会所鼓励和稀缺的精神。不过，有些

尽管去做，别辜负成功的另一种可能

人的事业开端就没有那么多的选择，比如史泰龙。

史泰龙出生在纽约贫民区一家慈善医院，由于医生误用产钳，导致他左脸部分肌肉神经坏死，左眼睑与左嘴唇下垂，说话也口齿不清。虽然从小就不断有人笑话他，但他有梦也敢做。他梦想成为明星，并且是集导演、编剧于一身的实力派明星，于是他便绞尽脑汁写了一部剧本。当时好莱坞共有 500 家电影公司，他拿着自己的剧本逐一拜访，希望能有一位伯乐给他机会，让他主演自己的电影。然而他先后一共被拒绝了1849 次！也就是说，500 家电影公司无一例外地先后拒绝了他 3 次！直至第 4 轮拜访进行到第 350 家电影公司时，那位老板才破天荒地答应看一下他的剧本。只一看，就彻底地改变了他的命运。几天后，电影公司老板约史泰龙详谈，决定开拍电影《洛奇》，并让他担任男主角。

史泰龙的经历告诉人们，有时候受伤害、受挫折，并不见得是我们不优秀，而是因为我们不够坚持、不够自信。这世界上总有一些人，无才无德无见识，却坐在了有话语权的位置上，这世界上也总有些幸运儿，一谈恋爱就携手百年、一创业就功成名就，也总有一些人，长着一条毒舌，不干别的，只为伤人。对此，不必太介怀。不介怀，你也就不会受伤了。不介怀，你才能保持平静，坚持自己的路。不介怀，你才能最终和那些屡败屡战最终战胜了命运的成功人士站在一起。

《根》的作者亚历克斯·黑利说过，等你成功了，所有的门会为你打开，电话会整天响，新朋友会堵住门口，新合同如同雪片……但那只属于那些有远大抱负且不惧任何磨难伤害的人。在走向梦想的路上，我们要做一名永不掉队的士兵。

2. 世界上最遗憾的事，是倒在成功的门槛上

人不能因为遭遇困难轻言放弃，轻易打退堂鼓。很多事情都需要漫长的分批分期的不断投资，才能迎来成功的一次性回报。收获有早有晚，成功需要愈挫愈勇的精神，"行百里者半九十"，千万不要在收获来临之际做出遗憾的选择。

《自然密码》栏目曾经讲述过一种非洲巨蜂，这种蜂体形肥胖，但翅膀很小，却能够在必要的时候连续飞行 250 公里，飞行高度也远非寻常蜂类能及。可是，根据生物学理论，这种蜂原本是不能够飞行那么远的，因为它们的体形太胖，翅膀太小，后者不足以产生使前者升空并快速飞行的足够动力，从先天条件上看，它们还不如家养的鸡鸭，从流体力学来分析，它们的身体构造也不足以让它们飞行。

这是为什么呢？非洲巨蜂凭什么？科学不能回答的问题，只好交给哲学家去回答。哲学家认为，非洲巨蜂天资低劣，但它们必须生存，而为了生存，它们必须飞行……简单来说，若是非洲蜂不能飞行，它就只有死路一条，而没有任何退路。

新东方创始人俞敏洪讲过一个类似的理论，他说："新东方有一个运动，叫作徒步 50 公里。任何一个新东方新入职的老师和员工都必须徒步 50 公里。很多人由于从来没走过那么远的路，一般走到 10 公里就走不动了。每次我都会带着新东方员工走，走到一半的时候会有人想退

缩，我说不行，你可以不走，但是把辞职报告先递上来。当走到 25 公里的时候你会有 3 个选择：第一，继续往前走；第二，往后退；但当你走到一半的时候，你往后退也是 25 公里，还不如坚持往前走呢；第三，站在原地不动。我们知道，他不可能原地不动，所以他只能咬牙跟上。同样的道理，在人生旅途中，停止不前还有什么希望呢？所以我说：坚持下去不是因为我很坚强，而是因为我别无选择。"

著名记者、作家卢跃刚在《东方马车》一书中这样描述俞敏洪和他的新东方：他在中关村第二小学租了间平房当教室，外面支一个桌子，放一把椅子，"东方大学英语培训班"正式成立。第一天，来了两个学生，看"东方大学英语培训部"那么大的牌子，只有俞敏洪夫妻俩，破桌子、破椅子、破平房，登记册干干净净，人影都没有，学生满脸狐疑。俞敏洪见状，赶紧推销自己，像是江湖术士，凭着三寸不烂之舌，活说死说，让两个学生留下了钱。夫妻俩正高兴着呢，两个学生又回来了……每当回忆起当初的艰难，俞敏洪总是说："人生有太多迷茫和痛苦，但只要你坚持往前走，痛苦往往会解决掉。在走的过程中，我也痛苦地流过泪，也曾经痛苦地号啕大哭过，但我知道真的坚持下去不是因为你坚强，而是因为你别无选择，走到最后你会发现总会有成果。我没想到新东方能从培训 13 个学生，到现在变成培训 175 万学生。其实所有这一切你都不一定要去想，只要坚持往前走就行了。"

成功后的俞敏洪还总结出了一个"面团理论"：和面的时候，刚开始面粉很容易散开。但是继续揉、反复揉，面粉就再也不会散开了，这是因为它有了韧性。人进入社会的过程，其实就如同一团面粉，被社会不断地揉，直至变成非常有韧性的面团……蹂躏、折磨、压迫、挫折等词都是形容对人的某种考验。如果你锻炼出来了，遇到失败和痛苦你就能够承受；反之如果没有这个能力，你就承受不起生活的压力。所以，人一定要像面团一样，有点儿心理承受能力，并且能够笑对人生的挤压揉搓，这样才能在社会上随圆就扁，游刃自如。不能像玻璃，看起来美好，却脆弱得不堪一击。

挫折非常正常，而放弃非常容易。但有句话说得残酷又现实：谁死了地球都照样转，阳光也依旧灿烂。勇敢地面对那些磕磕绊绊，骄傲地活下去，不懈地努力着，你会发现，世上没有过不去的坎，世上所有的美好事物并不仅仅是为他人准备的，也包括我们。所以，我们必须要有一个信念，那就是在最失败的时候，要想到生活中的一切美好事物都是为我们而存在的，总有一天我们会见到、拥有这些美好的东西，这样，人就有了化压力为动力的奋斗力量。

我们在前面的章节中曾经多次谈及争取与放弃两者间的辩证关系。有些事，确实应该放弃，那可以节省宝贵的时间，让我们及时从头再来。不过，最浪费时间的事情也是放弃，特别是中途放弃。是不是应该放弃，何时才应该放弃，取决于我们能否客观地看待挫折，否则我们就很难认清自己的放弃究竟是理智的还是不智的。

相对来说，人世间过早放弃者总比无谓坚持者多。我们可以批评那些无谓坚持的人，但必须学习他们身上那种不认输的精神。抛开两者皆不谈，只谈成功，事实上任何成功的取得都需要多重积累，包括时间的积累、经验的积累、人脉的积累、资源的积累，等等，如果动不动就"知难而退"，积累从何谈起？突破又从何谈起？

西方有个"最后一锤"的故事，说的是 20 世纪 20 年代，英国考古学家霍华德·卡特率队在埃及考古，希望可以找到法老陵墓，但连续挖掘了 6 季仍一无所获。进入 1922 年冬天，他几乎放弃了希望，赞助者也即将取消赞助。他在日记中写道："这将是我们待在这个山谷中的最后一个冬天。"但写完日记后，他仍未死心，而是重新拿起锤子再次敲击起挖掘已久的石壁，孰料一锤打下去，居然敲开了尘封了 3000 多年的图坦卡蒙王的陵墓，里面有超过 5000 件以上的豪华奢侈陪葬品，且有一具重约 134.3 千克、由黄金和白金打造的棺木！后来，卡特在自传中回忆道："我们当时已经工作了太长时间却什么也没发现，我们几乎已经认定自己被打败了，正准备离开山谷去别的地方碰碰运气。然而，要不是我那最后的一锤，我们永远也不会发现，运气一直在这里，这里一直埋藏着超出我们梦想的宝藏。"

与之相类似，中国有个成语叫"一锤定音"，说的是在打造铜锣等传统乐器的时候，最后一锤非常关键，必须由有多年经验的老师傅掌锤。这一锤，要打得不轻不重，恰到好处，乐音是悠扬，还是雄浑，还是暗哑，都因这一锤而定。也可以说，一开始打了多少锤，都不是最重要的，都只是为最后定音的这一锤做准备的，打下并打好最后一锤，大功才能告成。

总之，人不能因为遭遇困难轻言放弃，轻易打退堂鼓。很多事情都需要漫长的分批分期的不断投资，才能迎来成功的一次性回报。收获有早有晚，成功需要愈挫愈勇的精神，"行百里者半九十"，千万不要在收获来临之际做出遗憾的选择。

3. 你跌倒了就赶紧爬起来，别欣赏自己砸的那个坑

跌倒了，爬起来就是了，难道还要躺在那儿欣赏自己砸的那个坑？失败了，继续向着成功迈进就是了。上苍保佑有梦想的人，成功永远在等着不认输的人。

首先要纠正一种观念：不成功，并不等于失败。成功，简单说来就是一个被实现的目标。它可大可小，存乎一心，有普遍意义上的标准，但没有统一标准。有句话叫"成功无止境"，充分说明了成功的荒谬性。只要我们努力了，仍在努力，没有得过且过，没有成为纯粹的资源浪费者，就是成功者。

世上没有标准意义上的成功，也没有完全意义上的失败。就算真失败了，也不要紧，从哲学意义上说，失败者反倒是一种光荣，因为失败者至少尝试过，至少曾经有过机会成功。

"不经历风雨，怎么见彩虹？没有人能随随便成功！"这是成龙等人的经典歌曲。其实也没有人能随随便便失败。一个胆小如鼠、安于现状、不思进取、庸庸碌碌的人，终其一生，他可能都尝不到失败的滋味。因为他从不敢去尝试什么，连失败的机会，以及失败的素质和能力都没有，他根本就不配谈什么失败。一个身无分文的人，他绝对不会亏本，生意场上你死我活的较量从来就与他无关，因为他连失败的本钱都没有。一个目不识丁的人，一生也不会尝到高考落榜的痛苦，因为他根

尽管去做，别辜负成功的另一种可能

本就不可能走进考场。一个无一兵一卒的人，一辈子都不会有全军覆没、饮恨沙场的惨败，因为他像很多哈韩的人根本就不知道韩国在哪里一样，连自己的战场在哪里都不知道……

换言之，那些失败者，尤其是大败、惨败的人，都是一些敢想敢为、有志气、有能力的人。这样说来，失败真的是一种荣耀。这样想来，我们还有什么懊恼的？

人性是趋利避害的。谁都希望一帆风顺，谁也不想步步荆棘。这没什么不好。但生活告诉我们，没有人可以永远幸运，也没有人可以永远从胜利走向胜利。成功如果那么轻易就能收获，这个世界上也就没有失意的人了。

失败了、受挫了，伤心总是难免的。但也不必太悲观，从一定意义上说，你能失败，就已经是一种成功了。当然我们不需要这种不切实际的成功。我们还需要鼓起勇气，迎着人生的磨难大步向前。天不助你，地不助你，你还可以自助。否则，就像一位身染重病的人，一旦他放弃了求生的意志，无论医生多么高明，也回天乏术。

奥地利心理学家阿得勒是一位钓鱼爱好者。在钓鱼过程中，他发现了一个有趣的现象：鱼儿咬钩之后，往往因为刺痛疯狂挣扎，但是越挣扎，鱼钩刺得越深，鱼儿也就越难以挣脱。即便咬钩的鱼儿成功逃脱，那枚鱼钩也多半会永久性地留在鱼嘴里。据此，阿德勒提出了一个很相似的心理概念，叫作"吞钩现象"。生活中，每个人都难免遭遇挫折和失败，它们就像人生中的钓钩，一旦被我们不小心咬上，就会深深陷入我们心中，我们不断地负痛挣扎，却很难摆脱这枚"鱼钩"。这种心理，就是"吞钩现象"，类似于我们常说的"一朝被蛇咬，十年怕井绳。"

但是怕有什么用？就像哲人所说的那样："懦夫怕死，但其实他早已经不再活着了。"所以，即使遭遇再多的不如意，我们也应该立即爬起来！

我们回想一下秦末的项羽，如果当初他不是儿女情长、英雄气短，能够再给自己一次东山再起的机会，恐怕事情真的要像杜牧所说的那样——江东子弟多才俊，卷土重来未可知。但他拒绝了乌江亭长的好意，说什么"无颜见江东父老"，不知他是否想过，他辉煌、发达时又给江东父老什么回报了？一切与江东父老无干，一切皆因为他自己输不起、败不起了。

细数古今中外的成功人士，没有任何一个人从未经历过任何失败。如果有谁能在现实生活中找出一个未经过任何失败的成功者，那只能说此人尚谈不上真正的成功。每一个成功者后面都伴随着只有他自己清楚的酸甜苦辣，只是有的人不太在意这些，所谓的困境、失败，对他们来说不过是一时的际遇，忍一忍，坚持一下，也就过去了。

肯德基创始人山德士，6岁就因为父亲离世做上了童工，16岁前，他很少有敞开肚子吃饱饭的机会。谎报年龄幸运地参军后，他才知道人生是如此幸福——部队居然让他吃饱穿暖。退役后，他开过铁匠铺，做过火车司炉工、推销员、保险员、码头工、粉刷工、厨师、消防员，还开过加油站和饭店，但都无一例外地失败或被失败了。66岁时，他还一事无成，为了证明他的一文不名，政府还给他发了一份救济金——105美元。这激怒了他，他准备再次创业。朋友都劝他，认命吧，折腾了一辈子都没什么起色，如今老了还想大器晚成？他不为所动，因为他的人生观就是——绝不向生活妥协。最终，他用一只鸡改变了人们的饮食习惯，也改变了自己的命运。很多顾客在走进肯德基大嚼鸡腿的同时都想过："我要有肯德基的配方就好了。"当然，山德士不会告诉他们，不过山德士曾经公开过自己的成功秘诀，他说："成功没什么了不起，只要你做到不放弃、相信自己和忍耐，你迟早会成功。"

相对来说，爱迪生的理念更加高明些。众所周知，他在发明电灯前，因为不符合煤气公司（当时人们普遍用煤气灯照明）的利益，被煤气公司雇佣的写手批得一无是处，有人在报纸上说："不管爱迪生有多少电灯，只要有一只寿命超过 20 分钟，我情愿付 100 美元，有多少买多少。"还有人找上门去取笑他说："你已经失败了 1600 次。""不。"爱迪生反驳道，"我证明了 1600 种材料不适合做灯丝，这也是一个伟大的成就。"这就是爱迪生的逻辑！在他眼里，越是失败反而越是接近成功。一年后，他终于造出了能够持续照明 45 个小时的电灯。晚年，爱迪生家还遭遇了一场大火，火灾将他的实验室和所有家产烧得精光，儿子和夫人担心他受不了打击，邻居们也纷纷安慰他，爱迪生却说："大火烧掉所有的错误，没什么不好，明天我将重新开始做实验。"没多久，爱迪生就为人类贡献了新发明——留声机。

总之，成功这件事情，绝大多数情况下没有输与不输，只有认输。如果你不想让平庸的生活像一种无期徒刑，伴随终生，那就勇敢接受命运的挑战。人们总是说，真金不怕火炼，殊不知，有一种真金恰恰是烈火炼就的。跌倒了，爬起来就是了，难道还要躺在那儿欣赏自己砸的那个坑？失败了，继续向着成功迈进就是了。上苍保佑有梦想的人，成功永远在等着不认输的人。

4. 即使我们什么都不做，一帆风顺也不可能

没有挫折才是最大的挫折，没有危机才是最大的危机。在人类的智慧面前，大多数难题与困境都是可以化解的。当一个人有了积极的心态、睿智的头脑和妥当的行动，事情总会向好的方向发展。

100多年前的一个夏天，一位工程师带着一群工人修筑一条河堤，河堤还没建成，便遭遇了一场暴雨，所有机械设备都被洪水淹没，建到一半的工程也被冲毁。洪水退却后，到处是乱七八糟的设备，泥泞不堪。工人们看在眼里，一个个哭丧着脸，非常郁闷。

"你们怎么了？"工程师笑着问大家。

"你没看见吗？"一个工人回答，"工地毁了，全完了！"

"我不这么认为。"工程师说，"虽然现在遍地泥泞，机器东倒西歪，但是我看到了蔚蓝的天空——等太阳出来，泥泞还会长久吗？"

工人们听了备受鼓舞，迅速投入工作当中，很快便修好了河堤。

这位工程师，就是后来的汽车大王亨利·福特。成功学大师戴尔·卡耐基认为，在美国，只有两位企业家能称得上最伟大的企业家，一位是"钢铁大王"安德鲁·卡内基，另一位就是"汽车大王"亨利·福特。卡内基以致力慈善事业而著称，而福特却是凭着坚毅的品质，用汽车改变了美国乃至世界交通的历史，使美国及全人类进入了全新的发展时代而被铭记。另一位成功学大师拿破仑·希尔同样将自己的成功归功

于这两位大王，并且认为亨利·福特正是自己的著作《成功法则》最根本的证明，他为世人留下的远不仅仅是"福特"这个汽车品牌，他还代表着一种执着的、永不言弃的创业精神。

上面故事的意义还在于，它从一定程度上否定了我们所熟知的那句格言——不经历风雨，怎能见彩虹？有的时候，风雨不见得能带来彩虹，但绝对会造成泥泞。有些泥泞也不是仅靠太阳出来就会自己消失的。所以，人要学会在失败的天空中为自己建一座信心的彩虹，同时，也不能坐等太阳出来，而是立即迈开双脚，主动走出泥泞。

有句话叫作"悲愤出书圣，逆境出英雄"，其实逆境之所以能够造就许多英雄，就在于身处逆境的人，比如福特等人，首先要战胜的就是自己悲观甚至绝望的心理。而我们知道，一个人一旦战胜了自己，也就意味着他已战胜了最强大的敌人。走出泥泞的前提，是让自己的心脱离现实的泥淖。反之，"哀莫大于心死"，一个人对自己失去了信心，就算事情出现转机，他也会视而不见。

诚然，大多数泥泞都不值得留恋。不过，平坦大道并不总是摆在我们眼前，它需要我们自己去寻找。即便寻找到了，泥泞也是必由之路。毕竟我们还站在泥泞中。然而，这恰如农民，为了收获稻米，不得不站在泥泞的稻田里插秧，不可谓不辛苦，但站在那样的泥泞中，人们只会感到踏实。

我们来看一个更具启发意义的小故事。

南宋绍兴年间，都城临安（今杭州市）发生了一起重大火灾。当时正值天干物燥的季节，更糟糕的是还有不大不小的风。不多时，火势迅速蔓延，数以万计的房屋商铺被汪洋火海所吞没，顷刻间房倒屋塌，化为一片废墟。大火无情，将无数人的苦心经营毁于一旦。人们或是哭天抢地，或是忙着灭火抢救财产。唯独一位姓裴的富商，眼看着他的几间当铺和珠宝店即将化为乌有，他不仅没让伙计和奴仆们冲进火海，舍命地抢救珠宝财物，反倒不慌不忙地指挥大家迅速撤离，一副听天由命的样子，让人大惑不解。背地里，裴老板却不动声色地将众人派往长江沿岸，平价大量采购木材、砖瓦、石灰等建筑材料。当这些材料堆积如山的时候，他又像个没事人似的，整天喝酒饮茶，好像这场大火根本与他无关。大火整整烧了数十天才被彻底扑灭，昔日车水马龙的临安大半个城池都被烧毁，到处断壁残垣，一片狼藉。不几日，朝廷颁下安民布告，并下旨重建临安城，所有经营建筑材料的商人一概免税。一时间，临安城内开始大兴土木，建筑用材供不应求，价格一路上扬，裴老板转手之间获利数倍，远远超过了火灾中焚毁的资财。

这个真实的案例有力地证明了一句俏皮话——危机就是危险中的机遇。当然，我们不能天真地认为所有的危机都是机遇，即使是在上面的故事中，因祸得福的也仅仅是裴姓商人一人；不过，好也罢，坏也罢，都只是一种暂时现象，关键在于客观看待、正确应对。即使是那些因火灾大伤元气且很长时间难以复原的商户和百姓，他们也还是要鼓起勇气面对灾后生活的，这是没办法的办法。

当今世界，保险业昌隆，但再多的保险也无法保证人生没有任何风险。即使有，那也未必是好事。同样都是人，有人能在逆境中逆袭，有人却只能一败涂地，就在于有些人只会纠结，只会懊恼，只能看到危机中的危（险），却发现不了机（遇）的部分。或者说，大多数人遭遇危机时会自然而然地灰心丧气，从而被失落的情感蒙住双眼。所以，遭遇危机时，我们要学会跳出圈外，做个局外人。所谓当局者迷，旁观者清，只有跳出圈外，不带任何感情色彩地去看待一件事情，我们才能站

尽管去做，别辜负成功的另一种可能

在客观的角度去看待危机、分析危机，从而做出最有利的下一步动作。

泥泞不会长久，只有心怀康庄大道的人才能看到。危机是一种契机，只有不被危机吓倒的人才能把握这种契机。大的方面，如果不是建国初期以美国为首的西方国家动辄对我们进行核讹诈，我们的两弹一星未必能那么快研制出来。一个民族的生存和发展都是如此，个人更是如此。"塞翁失马，焉知非福"并不仅仅是一句安慰人的话，对那些足够坚强也足够睿智的人来说，所有不受欢迎的东西既是绊脚石，也是铺路石；既是催泪弹，也是催化剂。

任何成熟的人都明白，无论我们做什么——即使我们什么都不做，一帆风顺也不可能，遭遇不顺实属正常。没有挫折才是最大的挫折，没有危机才是最大的危机。在人类的智慧面前，大多数难题与困境都是可以化解的。当一个人有了积极的心态、睿智的头脑和妥当的行动，事情总会向好的方向发展。

5. 在享受成功前，你先要学会享受失败

一个人只有经历过风雨，才能笑对风雨，才懂得珍惜那些无风无雨的晴好日子。当然，就算他不能够笑对风雨，风雨也总有一天会降临到他头上。因为人生的道路上，谁都难免碰到这样那样的磨难。

作家林清玄写过一篇散文，大意是说一个农夫向上帝祈求，希望能给他一年没有狂风、暴雨、烈日和虫害的日子，那样他就能生产更多麦子。仁慈的上帝马上答应了，可是到了第二年收麦时节，农夫的麦穗里竟是瘪瘪的，没有什么籽粒。农夫含泪质问上帝："这是怎么回事？您是不是搞错了？"上帝说："我没搞错，全是按照你的祈求做的。你不想让麦子经历狂风、暴雨、烈日和虫害，它就没有基本的抗旱、抗涝、抗风、抗病能力，最终只能是这样。"

这仅仅是文学家的想象吗？不，中科院院士李振声的研究恰好可以证实这一点。李老是国家最高科学技术奖获得者，主要从事小麦与偃麦草的杂交研究。为什么要进行这样的研究呢？李老在接受采访时介绍说，小麦这种作物，已经被人类呵护了几千年，它娇生惯养，如同温室里的花朵，抗病的基因逐渐丧失；而偃麦草是一种具有非常好的抗病性的牧草，且没经过多少人工选择，全靠它自己与天斗、与地斗、与人斗，把这种基因嫁接给小麦，小麦自然会强壮、高产。能高产多少呢？答案是年产量增加 60 亿斤！但这个过程要多久呢？自 25 岁时李振声便

尽管去做，别辜负成功的另一种可能

决定从事小麦改良研究，到他获得国家最高科学技术奖时已经 76 岁。半个世纪还多！李老在接受采访时也说了："研究这个的，国内外不止我一个人，但最后只有我成功了，为什么？因为我坚持下来了。"

从寓言到科学，从麦种到育种人，都需要经过磨难和磨难中的坚持，才有最终沉甸甸的丰收。从这个角度看，磨难是人生的必修课，也是一笔财富。

以水灾为例——众所周知，江河泛滥，洪水暴发，给人们带来的是田园荒芜、家破人亡的苦果。因此人们总是把洪水泛滥视为灾难的同义语。然而，生活在河边的人都知道，泛滥会冲毁庄稼，也会带来庄稼丰收所必需的肥沃土壤，包括中国的黄河、埃及的尼罗河在内的世界上绝大多数的大河文明，都是拜泛滥所赐。

这同样不是泛泛而谈。100 多年前，雀巢创始人亨利·内斯特莱受父亲牵连，被迫逃亡外国，躲避政治迫害，原本无忧无虑的生活顿时变得捉襟见肘、异常艰辛。一天，他路过一片刚刚遭过洪水的农田，原本长势良好的庄稼被毁，一片狼藉。这使他联想到自己的命运。正想着，他看到远处有一个正在劳作的农民。庄稼都这样了，他还在忙什么？亨利好奇地走过去，发现农民正在补栽庄稼，他干得很卖力，脸上还很开心。亨利不能理解，便问农民，对方回答说："你说我该生气？还是该抱怨？该纠结？年轻人，那没有半点效果，那只会使事情更糟。年轻人，这都是上帝的安排——洪水毁坏了庄稼，但也带来了丰富的养料。我敢保证，今年一定是个丰年。"农民的话启发了亨利，他觉得心中的不快刹那间烟消云散。后来，他成了一名药剂师，致力于母乳替代品的研究。在此过程中他经历了无数次失败，每次失败时，他都会想到那位农民的话，不生气、不抱怨、不纠结、不放弃，最终研制成功了全新的婴儿奶粉，并创立了雀巢。

有些人无须奋斗与磨难，便可以香车美女、金钱豪宅、公司在手、人五人六，但是，他们自己也知道——那不叫成功。什么叫成功呢？你很难定义它，但可以打个比方：成功好比爬山，有些人是自己一步步爬上去的，有些人则是被他爷爷、他爸爸抱上去的。有些人更玄，他祖先直接在山顶建了一栋别墅，然后在上帝的帮助下，把他降生在了那里。这样的人，自然不必费力去爬山，但这样的人也感受不到成功。因为他根本不知道山脚下是什么样子。

忘了是哪位哲人说过："空白的人生，总是缺少磨砺。真正的人生，势必离不开磨难。"一个人只有经历过风雨，才能笑对风雨，才懂得珍惜那些无风无雨的晴好日子。当然，就算他不能够笑对风雨，风雨也总有一天会降临到他头上。因为人生的道路上，谁都难免碰到这样那样的磨难。

来看一个经典案例：

"天狮集团"掌门人李金元在创建天狮前，曾倾其所有，并向银行贷款1200万，生产一种名叫"骨参"的营养品。但半年时间，这一千多万元就全打了水漂，因为他巨资买来的"骨参"专利根本就不成熟。赔了这么多钱，李金元愁眉不展，一言不发。一起创业的兄弟们不禁为他担心，一个兄弟还特意叮嘱保安：随时留意李总，有情况马上报告。结果某个冬夜，一个保安巡逻时发现了情况，说李总一个人迎着北风往厂子后边的大水坑走去了！

厂里所有人都知道那个大水坑，人迹稀少、枯草摇曳，很适合投水自尽。大家慌忙穿上衣服，直奔大水坑。跑到那儿一看，里面果然有个黑影。大家眼泪唰唰地流，有人直接哭起来。只有一个没心没肺的小伙子，他不哭不喊，眼睛死死盯着水中的黑影。盯了一会儿，他叫道："李总没死，他在水里游泳呢！"大家擦擦眼泪，定睛一看，那个黑影果真是在水里游泳。

黑影正是李金元，大家把他喊上岸，责备他道："大冬天的，你下水干啥？"李金元一边穿衣服一边说："毛主席不是说过吗——我们要到大风大浪中锻炼自己——眼下企业遇到了困难，要克服这些困难，我们必须磨炼自己的意志。有了坚强的意志，才不会被眼前的困难所吓倒。所以，我就到坑里冬泳去了。"

毕淑敏说过，人生一定有磨难，你越是有抱负、有理想，要去建立常人不能建立的功勋，你就越要做好准备，遭遇到比常人更多的磨难。磨难不会自动地转化为动力。并非磨难越多，动力越强。磨难究竟会转化为什么东西，取决于我们怎样看待它。

日本推销大师奥城良治的故事虽说有点不太"雅致"，但颇具说服力。早在24岁时，他就开始推销汽车，但一开始业绩始终没起色，受心理和经济压力影响，奥城良治一度消沉得想自杀。但一个偶然的因素，不仅让他重拾生活的信心，还让他迅速成为日本汽车推销大王。那是一个周末，奥城良治途经一片稻田时，忽然内急，便找了个僻静处方便。小便时，他忽然发现前面有只青蛙，便把自己的怨气都撒到了青蛙头上。他本以为青蛙会被吓走，没想到这只青蛙非但不跑，反倒一点儿不害怕，而且始终迎着他的尿液，简直就像在享受温水淋浴！奥城良治心中一动，喃喃自语道："这只青蛙居然会视羞辱为淋浴。如果把我那泡尿比作准顾客的拒绝，那么推销员就应该像那只青蛙。再多的拒绝，再恶劣的羞辱，再大的打击，都应该像青蛙的反应一样，不仅要视若无睹地承受，还要开心地享受。"这就是后来被行销界人氏津津乐道的青蛙法则。

总之，"苦难显才华，好运隐天资"，在享受成功前，人先要学会享受失败。你可以不认同人生中的磨难有助于我们锤炼身心，但真正遭遇时至少可以假设它是一种财富，只有这样想，它才能激励你不断向着成功迈进。

6. 你不断吸取教训，就能让失败滚远点儿

比尔·盖茨说："如果你一事无成，这不是你父母的过错，不要将你应承担的责任转嫁到别人的头上，而要学会从失败中吸取教训。"

前不久，驰名世界的瑞士银行发布了一份有关亿万富豪的研究报告，该行相关专业调查机构对全球 1300 名亿万富豪进行了研究，并与其中 30 人进行了访谈，以期找到其共同的性格特征。最后得出结论，成为顶尖人士必备三大要点：一、能够聪明地冒险；二、懂得抓住不对称机会；三、可以从失败中站起来。

如何才能从失败中站起来呢？仅仅是坚强就足够了吗？显然不是，否则我们就没必要再写下这最后一节了——在前面我们已反复谈论过坚强。

或者可以这样说，从失败中站起来，坚强必不可少，但坚强也仅仅只能使人从失败中站起来，而不足以使人走出失败。西方人说：失败是成功之母。这话有一定道理，但道理也有失灵的时候。不然生活中为什么有那么多人屡败屡战、愈挫愈勇，到头来却总是事与愿违，一事无成？还有一些人，运气好得出奇，一出手就成功了，根本就没败过，又怎么解释？所以中肯地说，失败是成功之母，但它是个后妈。如果我们不从失败中吸取教训，记吃不记打，它只会打得我们越来越疼。只有从中吸取教训，才能避免重蹈覆辙，从而逐步走向成功。

比尔·盖茨说过："如果你一事无成，这不是你父母的过错，不要将你应承担的责任转嫁到别人的头上，而要学会从失败中吸取教训。"但大多数人眼里只顾盯着比尔·盖茨的财富，却把首富的忠告当成了耳旁风。于是，人们有意无意地忽略教训。于是，人们反复跌倒在一个地方。这又能怪得了谁？

要怪就怪自己。把矛头对准自己、直面自己、审视自己，我们才能让失败滚远点儿，让自己不断跨越成功路上的雷区。

中国企业界最具说服力的企业家恐怕非史玉柱莫属了。

史玉柱从小就胆大，人称"史大胆"。大学毕业后，他进入了统计局工作，因为在业余时间开发了一套统计系统软件，大大提高了统计局的工作效率，引起了领导重视，被作为第三梯队送进深圳大学软件科学管理系公费深造。让领导没想到的是，没等到毕业，史玉柱居然向单位提出了辞职。原来，史玉柱在大学期间受到了"四通文化"的影响，他想在电脑行业里"搅一搅"。

就这样，他力排众议，选择了下海。家人继续反对，他说"下海失败，我就跳海"！凭着这份勇气和他的才气，创业没几年，他便成了当时最受瞩目的青年企业家，被誉为"中国的比尔·盖茨"。作为奖励，其公司所在地珠海市政府还无偿给了他一块面积不小的土地。一开始，史玉柱打算在上面建一栋38层的自用办公楼——巨人大厦。但不久，受一些人的刺激和怂恿以及他自己的野心作祟，巨人大厦越加越高，建造预算一涨再涨。具体工程刚建到地面3层，资金就告急，之后又波及原本很赚钱的一些产业，最终导致巨人集团名存实亡，让史玉柱背上了2.5亿元债务，成为国内有史以来最大的"负翁"。

史玉柱没有纠结，更没有一蹶不振。面对失败，他选择了继续前

尽管去做，别辜负成功的另一种可能

进。正如史玉柱在单位上班时的老领导朱家功所说："我甚至看不到他有一点失败的迹象，他仍旧像以前那样一天到晚在他的电脑上忙碌，为脑白金的上市谋篇布局。当时我问他：'脑黄金刚失败，脑白金就能行？'他的回答俨然一个胜利者：'肯定行！'"

但史玉柱的销售人员表示肯定不行。脑白金虽好，但市场上同类产品太多了！一次会议上，某销售人员说："要改变消费者的固有想法，比登太阳都难！"史玉柱严厉回击道："没错，那是比登太阳还难，但登太阳也不是不可能！"然后他亲自上阵，走村串镇，进行市场调研。最终，他得出结论，老人们其实是需要脑白金这类产品的，但他们一来大多没什么钱，二来有钱也舍不得花，都是等孩子给自己买，孩子不买也不好意思张嘴要，看来应该把脑白金定位为礼品，跟孝道挂钩……就这样，"孝敬爸妈""今年过节不收礼，收礼只收脑白金"的广告词凭空出世。这则被评为"史上最不受欢迎"的广告，十余年来为史玉柱带来了上百亿元的销售额。

人世间的很多事情，就像史玉柱说的那样，要改变比登太阳还难，但不是没有可能。怎么创造奇迹呢？唯有立足现实，扎扎实实地去思考、去行动！当然，务实与勇气只是一个方面，史玉柱能够东山再起，一个不可或缺的因素在于，他从失败中吸取了教训，拓宽了思路。

海尔集团也有过类似的经历。1984 年，34 岁的张瑞敏入主青岛市电冰箱厂。在他之前，短短一年时间就走马灯似的被气走了 3 位厂长。说起当时的情况，张瑞敏打过这样一个比方："规定早晨 8 点上班，可10 点半你往厂里扔个手榴弹，也炸不死人。"初步了解情况后，张瑞敏颁布了 13 条规定，从禁止随地大小便开始，揭开了海尔现代管理之路。

对企业来说，最重要的无疑是产品质量问题。1985 年的一天，一位朋友要买一台冰箱，结果挑了很多台都有毛病，最后只好勉强拉走一台。朋友一走，张瑞敏派人把库房里的 400 多台冰箱全部检查了一遍，发现共有 76 台存在这样那样的缺陷。张瑞敏把大家叫到车间，问大家怎么办？多数人提出，都是些小毛病，不影响使用，不如便宜点处理给职工算了。张瑞敏说："我要允许把这 76 台冰箱卖了，就是允许你们明天再生产 760 台这样的冰箱。"他宣布，这些冰箱要全部砸掉，谁干得谁砸，并抡起大锤砸了第一锤！当时一台冰箱的价格 800 多元，相当于一名职工两年的收入。很多职工砸冰箱时都流下了眼泪。接下来，张瑞敏又召开了一个多月的会议，主题只有一个："如何从我做起，提高产品质量"。3 年以后，海尔人捧回了我国冰箱行业的第一块国家质量金奖。

其实，每个人都需要一把类似的大锤，勇敢地砸向自己的错误与失败，除非他想像次品一样活着，永远地失败下去。有人会说，我初出茅庐，根本就没败过，更谈不上教训。按照"失败是成功之母"的逻辑，我是不是必须得败上几次才能走向成功？绝不是这样。我们可以从别人的失败中吸取教训。任何人的失败，对我们来说都是一笔可贵的财富。我们可以多读一些《大败局》之类的书，上网看看古今中外的著名失败者和反败为胜者的事迹，看看现实生活中的咸鱼翻身者……总之，别总盯着别人的成功，别人的失败可能对你更加有益。

尽管去做，别辜负成功的另一种可能